C000170947

ISBN 978-0-484-17039-0
PIBN 10548132

FB &c Ltd, Dalton House, 60 Windsor Avenue, London, SW19 2RR.
Company number 08720141. Registered in England and Wales.

Abhandlungen
der Heidelberger Akademie der Wissenschaften
Stiftung Heinrich Lanz
Mathematisch-naturwissenschaftliche Klasse
6. Abhandlung

Ein neues Polarisationsmikroskop

und

kritische Betrachtungen über bisherige Konstruktionen

Von

E. A. Wülfing
in Heidelberg

Mit 2 Tafeln und 32 Textfiguren

Eingegangen am 25. September 1918

Heidelberg 1918
Carl Winters Universitätsbuchhandlung

Verlags-Nr. 1443

Inhalt.

Inhalt

Einleitung.

Die Vorarbeiten zu dem hier beschriebenen neuen Polarisationsmikroskop liegen nicht weniger als 14 Jahre zurück und stehen in Zusammenhang mit den Einrichtungen für das Mineralogisch-geologische Institut der 1904 gegründeten Technischen Hochschule in Danzig. Für dieses Institut waren besonders reichliche Neuanschaffungen zu machen, die mich damals veranlaßten, nicht nur bei den Mineralien-, Gesteins- und Petrefakten-Händlern, sondern auch in den Werkstätten unserer Optiker und Mechaniker, insbesondere unserer Mikroskopbauer Umschau zu halten und hier dasjenige Werkzeug eingehend zu prüfen, das unsere mineralogisch-geologischen Kenntnisse in den letzten Jahrzehnten wie kein anderes gefördert hat. Zwar hatte ich mich auch schon vorher mit den Polarisationsmikroskopen gerne beschäftigt, worüber ja der erste 1904 erschienene Teilband der „Physiographie"[1] Zeugnis ablegt; aber eine so durchdringende praktische Prüfung auch der neuesten Modelle wie in den Danziger Jahren war mir doch noch nicht geboten worden. Bei dieser Generalrevision traten mir nun die vielfachen Mängel unseres Instruments so deutlich vor Augen, daß ich glaubte, den Plan zu einer Neukonstruktion fassen zu sollen.

Die Ausführung dieses Planes, dessen Kühnheit mir erst mit den Jahren ganz klar geworden ist, erlitt zunächst dadurch erhebliche Verzögerungen, daß bald nach 1904 eine große Menge von Vorschlägen zur Verbesserung der Mikroskope erschien, und diese Vorschläge doch alle von mir gründlichst zu prüfen und z. T. auch meinem im Entstehen begriffenen Neubau anzupassen waren. Zur Charakterisierung dieser hinter uns liegenden Periode gesteigerter Erfindertätigkeit möge mir gestattet sein, einige Zeilen aus den einleitenden Worten meines 1913 erschienenen Sammelreferats über „Fortschritte auf dem Gebiet der Instrumentenkunde"[2] hier zu wiederholen. Es heißt dort: „Man kann auch auf diesem der Forschung und dem Unterricht dienenden Gebiet eine lebhafte Entwicklung wahrnehmen, die sich umso deutlicher bemerkbar macht, je mehr sich Mineralogie und Petrographie in der Richtung der exakten Wissenschaften ausgebildet haben und das rein beschreibende Element weniger hervortreten lassen. Mit der exakten Forschung ist notwendig die quantitative Untersuchung und damit die reichere Ausgestaltung des Instrumentariums verbunden. — Wenn manchmal über die gar oft sich wiederholenden Neukonstruktionen, beispielsweise der Mikroskope, Klage geführt wird, so mag dies berechtigt sein, wenn Unberufene, mögen es Gelehrte oder

---

[1] Als „Physiographie" wird hier immer zitiert: Mikroskopische Physiographie der petrographisch wichtigen Mineralien. Von H. Rosenbusch und E. A. Wülfing. Erste Hälfte: Allgemeiner Teil. Vierte völlig umgestaltete Auflage. Von E. A. Wülfing. 467 Seiten, 286 Figuren im Text und 17 Tafeln. Stuttgart 1904.

[2] Fortschritte der Mineralogie usw. Bd. 3 (1913), 63—64.

Techniker sein, nur der Neuerungssucht wegen Änderungen vornehmen, die sie entweder nicht mit den nötigen mechanischen Kenntnissen oder nicht mit dem wünschenswerten wissenschaftlichen Verständnis durchführen.... Alle anderen mehr oder weniger ideenreichen Neukonstruktionen werden immer dankbar zu begrüßen sein."

In demjenigen Teil dieses Sammelreferats, der sich auf Mikroskope und Mikroskopattribute bezieht (l. c. Seite 75—82), und der sich in zeitlichem Anschluß an den genannten ersten Teilband der „Physiographie" hauptsächlich über die Jahre 1904 bis 1912 erstreckt, sind nicht weniger als 87 Vorschläge zu Verbesserungen erörtert worden. Man wird mir also nicht verdenken, wenn ich bei dieser Unruhe auf dem Gebiet des Mikroskopbaus mit meiner Neukonstruktion etwas zögerte. Daß in den vergangenen vier Kriegsjahren dieser Neubau abermals eine Verzögerung erfahren mußte, bedarf keiner weiteren Erklärung; sind doch zu jeder Änderung, die sonst in Tagen und Wochen geschehen konnte, in der jetzigen Zeit Wochen und Monate erforderlich und auch dann nur bei glücklicher Konstellation vieler Umstände durchführbar.

Bei der Umschau nach einer leistungsfähigen Mikroskopwerkstätte, die auf meine Ideen einzugehen bereit war, bin ich in nähere Beziehung zu der Firma R. Winkel, G. m. b. H., in Göttingen getreten, einem optischen Institut, das sich allerdings bis dahin mit Polarisationsmikroskopen unserer Art noch wenig beschäftigt hatte, das aber um so Bedeutenderes auf dem Gebiete der abbildenden Optik geleistet hat und noch leistet. Schon vor sechs Jahren hat diese Firma, als sie einen Katalog über Mikroskope für Mineralogen herausgab (Göttingen 1912), der Vollständigkeit halber mein Instrument abgebildet und kurz erwähnt, obgleich die endgültige Ausführung noch in der Schwebe war. Seitdem haben in Einzelheiten noch viele Verbesserungen stattgefunden, bei deren Anbringung ich das bereitwillige Entgegenkommen der genannten Firma auf meine Vorschläge dankbar hervorheben muß.

Das Instrument ist für mineralogische und petrographische Zwecke geeignet. Es erlaubt die Methoden, die bei der Dünnschliffuntersuchung gebräuchlich sind, anzuwenden, gestattet aber daneben bei der Untersuchung dickerer Präparate im konvergenten Licht noch eine größere Genauigkeit und leistet daher für rein petrographische Dünnschliffuntersuchungen mehr, als man im allgemeinen verlangt; seine Dimensionen sind auch etwas größer ausgefallen, als sie sonst üblich sind.

In meiner nachstehenden Darstellung wird die Beschreibung der einzelnen Teile und Funktionen eines Polarisationsmikroskops recht ungleichmäßig erfolgen. Bald wird ein Gegenstand kaum erwähnt werden, bald ein anderer eine sehr breite Behandlung erfahren. Dies geschah nicht ohne Absicht, weil ja hier kein Lehr- oder Handbuch der Mikroskopie verfaßt, sondern ein neues Instrument beschrieben wird, und zwar besonders in jenen Teilen, die, wie ich hoffe, verbessert worden sind. Unter den brauchbar befundenen Konstruktionsteilen werden nur solche eingehender erörtert werden, die zum erstenmal zur Ausführung gelangten oder die, jeder für sich bekannt, in ihrer Vereinigung neu auftreten. Besonders wird in der Beschreibung der mechanische Aufbau des Instruments etwas zurückgedrängt werden, zumal er aus den Abbildungen genügend deutlich zu erkennen ist. Es soll ferner mein Bestreben sein, nicht in den Fehler mancher Autoren zu verfallen, die bei Mikroskopen, Goniometern und ähnlichen Instrumenten alle Achsen, Klammern, Hebel und Schrauben auf das liebevollste behandeln, jene Teile dagegen kaum erwähnen, auf die es eigentlich doch ankommt, und die man so als die Seele der Instrumente bezeichnen könnte, nämlich auf die Linsen und polarisierenden Prismen in ihren Dimensionen und Wirkungen.

Die Beschreibung einzelner Teile des Instruments füllt die ersten 13 Kapitel; sie beginnt unten mit dem Stativ und dem Beleuchtungsspiegel, steigt hinauf bis zu den Okularen und dem Aufsatzanalysator und endet in einer Betrachtung über die am Instrument verteilten Irisblenden. Alsdann folgen die beiden umfangreicheren Kapitel 14 und 15 über mikroskopischen und über teleskopischen Strahlengang, denen im letzten Kapitel einige Bemerkungen über die Herrichtung des Instruments zum Gebrauch, insbesondere die Erreichung des Parallelismus oder der Koinzidenz von 4 optischen und 4 mechanischen Achsen folgen.

1. Stativ.

Das Instrument ist in seinen Schwerpunktsverteilungen so gebaut, daß es nach dem Umlegen auch bei belastetem Tubusende (s. den aufgesetzten Babinetschen Kompensator in der Abbildung auf Tafel II) immer noch einen festen Stand hat. Der Fuß ist dementsprechend nach hinten weit ausgeladen, ohne durch den breiten Sporn unschön zu wirken. Die Achse, um die das Instrument gekippt werden kann, liegt 15 cm hoch über dem Arbeitstisch und befindet sich in 9 cm Abstand von der Tisch- und Tubusachse. Daher erreicht der Tubus bei horizontaler Lage eine Höhe von 24 cm, wie wir sie bei unseren verbreitetsten Goniometern gewohnt sind. Auf dem Sporn steht eine Stütze, die an dem photographierten Exemplar noch nicht angebracht war und daher auf den Tafeln fehlt. Auf dieser in der Höhe durch einen Schraubenkopf etwas veränderlichen Stütze ruht der umgelegte Arm des Instruments, das sich auf diese Weise sehr bequem auf bestimmte Strahlenrichtungen, z. B. auf einen Monochromator, genau einstellen läßt. Etwas unterhalb der Kippachse geht bei aufrecht stehendem Instrument nach vorne ein starker Arm, der sich in einen Ring zur Aufnahme des drehbaren Tisches ausweitet. Über der Kippachse steigt 17 cm senkrecht nach oben ebenfalls ein kräftiger Arm hinauf, der vorne die Grob- und Feinbewegungsmechanismen für den Tubus trägt. Wie man sieht, ist auch an diesem Mikroskop mit der alten Hartnack-Oberhäuserschen Form der Tubusbewegung in Prismenführung gebrochen, und die 1898 von M. Berger zuerst für die Zeißwerke neu eingeführte Konstruktion angenommen worden.

2. Beleuchtungsspiegel.

Der Beleuchtungsspiegel hat einen Durchmesser von nicht weniger als 7 cm. Er trägt wie gewöhnlich auf der einen Seite den Planspiegel, auf der anderen Seite den Hohlspiegel, dessen Krümmungsradius 18 cm, dessen Brennweite also 9 cm mißt. Der Spiegel wird in frontaler Richtung höchstens bis zu einer Breite von 4 cm gebraucht. Bei der üblichen Schiefstellung ist aber die große Breite in sagittaler Richtung besonders an dem vorderen gesenkten, weniger an dem hinteren gehobenen Teil für die Beleuchtung von Vorteil.

3. Polarisator nach Konstruktion, Größe und Apertur.

Die polarisierenden Prismen werden gar oft in fehlerhafter Weise gebraucht und entweder mit großen Polarisationsaperturen dort eingebaut, wo die Apertur des Lichtkegels klein ist, oder umgekehrt aus unangebrachter Sparsamkeit mit kleiner Apertur zur Polarisation weit geöffneter Lichtkegel verwendet, wo dann ein Stück des Gesichtsfeldrandes unpolarisiert bleibt. Für gute Mikroskope handelt es sich nur um Prismen mit geraden Endflächen und unter diesen wieder um die Konstruktionen nach Thompson (Glan-Thompson), nach Ahrens und nach Ritter-Frank (Patent Nr. 234940 vom 10. November 1910, Kl. 42 h. Polarisationsprismen). Bei diesen drei Typen liegt die optische Achse des Kalkspats immer senkrecht zur Längsachse des Prismas und läuft, wenn wir diese Längsachse senkrecht und die Trennungsflächen auf uns zulaufend von oben rechts nach unten links fallend aufstellen, bald von vorne nach hinten, bald von rechts nach links, bald geht sie unter 45° (44°36') schräg am Beschauer vorbei. An meinem Polarisator ist die Ahrenssche Dreiteilung mit dem Ritter-Frankschen Patent vereinigt. Die Kittung erfolgte mit Leinöl, und der Querschnitt wurde achteckig hergestellt, um überflüssige Ausladungen und zu große Fassungen zu vermeiden. Die Dimensionen sind:

Länge	30.4 mm.
Wirksame Breite	18.5 „ .
Ganze Breite	20.0 „ .

Die ungewöhnlich große Breite ist notwendig, damit die Kondensoren mit ihren großen Aperturen und Brennpunktsabständen, die deren erhebliche Breite bedingen, voll beleuchtet werden. Die Auslöschungsrichtung liegt entsprechend der Ritter-Frankschen Konstruktion unter 45° gegen die Linie, in der die drei Ahrensschen Kalkspatkeile zusammenstoßen.

Zu einer Vorstellung über die erforderliche Apertur eines Mikroskop-Polarisators kann man durch folgende Überlegungen gelangen. Zunächst ist der Abstand und die Breite des unteren Endes des Polarisators vom Objekt von Bedeutung. Die hieraus sich berechnende halbe Apertur u (s. Fig. 1),

$$\operatorname{tg} u = \frac{b}{h + l},$$

ist aber etwas kleiner als die vom Polarisator zu fordernde halbe Polarisationsapertur i ($u < i$), da die Strahlen im Kalkspat eine entsprechende Brechung erfahren. Nach Fig. 1, in der der Polarisator zur deutlicheren Darstellung der Winkel zu breit gezeichnet wurde, ist nahezu

$$\frac{\operatorname{tg} i}{\operatorname{tg} \rho} = \varepsilon = 1.4864,$$

$$\operatorname{tg} i = \frac{x}{h},$$

$$\operatorname{tg} \rho = \frac{b - x}{l},$$

$$\operatorname{tg} i = \frac{b \cdot \varepsilon}{h \cdot \varepsilon + l}.$$

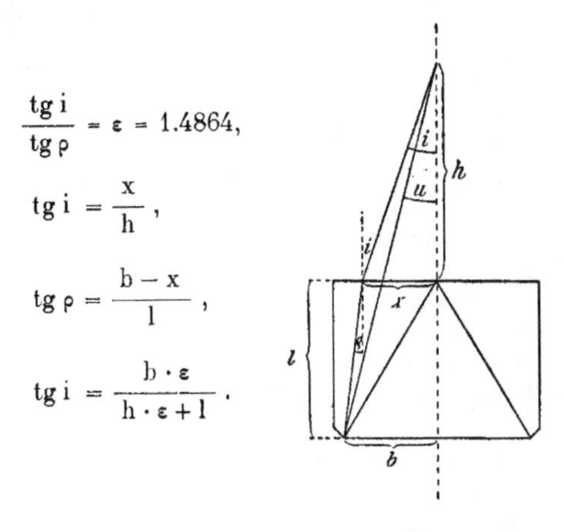

Figur 1.

Bei dem vorliegenden Instrument liegt das 18.5 mm breite untere Ende des Polarisators im Minimum, also bei Hochschraubung dieses Polarisators, 70 mm vom Objekt entfernt. i erreicht hiernach den Wert 8°50′, während u nur 7°30′ groß ist. Die Apertur des Polarisators muß also 2mal 8°50′ oder rund 18° betragen. Bei der Beleuchtung der randlichen Teile eines großen objektiven Sehfeldes wäre eine noch etwas größere Apertur erforderlich, wenn hier nicht schon eine Abblendung durch das Objektiv stattfände. Solche Beleuchtungen, wie sie eben berechnet wurden, kommen bei mikroskopischem Strahlengang und bei sehr schwachen Vergrößerungen vor; etwas anders liegen die Verhältnisse bei der Beleuchtung im konvergenten Licht. Nehmen wir für ein starkes Objektiv ein objektives Sehfeld von 2r mm Durchmesser an und beleuchten wir dieses mit einem Kondensor von f mm Äquivalentbrennweite, so muß nach der schematischen Figur 2 die Apertur des Beleuchtungskegels 2 i betragen, wo $\operatorname{tg} i = \frac{r}{f}$ ist. Bei einem

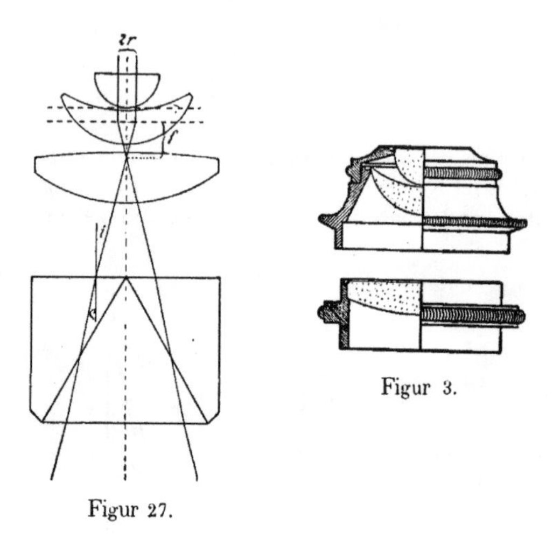

Figur 27.

Figur 3.

Halbmesser des objektiven Sehfeldes von ¼ mm, wie ihn die Awi-Systeme (s. S. 64) besitzen, und bei einer Äquivalentbrennweite des Kondensors von 5 mm, wäre 2 i = 6°. Man brauchte hier also keineswegs einen Polarisator von 18° Apertur, wie in dem vorhin berührten Fall, käme vielmehr schon mit einem Glanschen Luftprisma aus, also mit einem Polarisator von sehr viel kleinerer Apertur. Für schiefe Beleuchtung des objektiven Sehfeldes wären allerdings wieder etwas größere Aperturen erforderlich, was mit dem Kürzerwerden der peripherischen Äquivalentbrennweiten des Kondensors in Zusammenhang steht. Jedenfalls ist bei extremen Verhältnissen die erforderliche Apertur für konvergentes Licht geringer als für paralleles Licht. Hiermit wird auch zusammenhängen, daß die Erscheinungen im konvergenten Licht schon bei Verwendung eines Glassatz-Polarisators so überraschend deutlich hervortreten. Eine Apertur von 18°, wie im vorigen Fall, reicht also für beide Beleuchtungsarten aus. Mein Polarisator ist in der Breite richtig dimensioniert, in der Vertikalrichtung aber, da er nicht extra hergestellt sondern einem Vorrat entnommen wurde, etwas zu lang und daher von überflüssig großer Apertur. Diese wurde senkrecht zur Keillinie zu 13°54′ und 14°8′, die *symmetrische* Gesamtapertur also zu 27°48′ gefunden.

4. Kondensoren nach Konstruktion, Größe und Apertur.

Die Kondensoren werden auf einen über dem Polarisator befindlichen Ring aufgesetzt, wenn dieser Ring wie bei den Konstruktionen der Zeißschen Mikroskope zur Seite herausgeklappt ist. Der eine meist zur Anwendung kommende Kondensor setzt sich aus zwei leicht zu trennenden Teilen zusammen (s. Fig. 3). Die untere für sich aufsetzbare große plankonvexe Sammellinse hat eine Brennweite von 50 mm und eine Breite von 22 mm. Der andere aus zwei Linsen bestehende Teil, der mit geringer Pressung auf diese Sammellinse aufgesteckt wird und leicht abzunehmen ist, hat in Verbindung mit dieser Linse eine Brennweite von 7.2 mm und eine numerische Apertur U = 1.40. Der Brennpunkt des vereinigten Systems liegt in Luft 1.1 mm über der Frontlinse von 8 mm Breite. Dieser Kondensor hat also drei Linsen, von denen entweder die untere allein oder alle drei zusammen zur Verwendung kommen. Ein zweiter Kondensor besteht ebenfalls aus drei Linsen und hat äußerlich die gleichen Dimensionen wie der eben beschriebene; die drei Linsen bleiben aber vereint und geben die große Apertur von mindestens 1.50. Dieser Kondensor wird beim Gebrauch der weiter unten zu beschreibenden Awi-Systeme benutzt. Seine Äquivalentbrennweite ist 5.0 mm und sein oberer Brennpunkt liegt in Luft 1.0 mm über der Frontlinse; man kann also, unter Berücksichtigung der Lichtbrechung der Objektträger und bei deren üblicher Dicke von 1½ mm, den Brennpunkt noch in das betreffende Mineral legen, was zur Ausnutzung der vollen Apertur wichtig ist.

Die Fassungen der Kondensoren sind so gestaltet, daß sie bei dem schwächeren Kondensor eine bequeme Trennung und Vereinigung der Linsenteile gestatten, wie überhaupt das Aufstecken und Austauschen der ganzen Kondensoren auf den ersten Griff möglich sein muß. Die aufeinander sitzenden Ringteile dürfen sich nur so weit klemmen, daß bei der Horizontallage des Mikroskops ein Herunterfallen noch eben vermieden wird. Die Fassungen der Kondensoren sind in den oberen Teilen nicht zu lackieren, weil bei dem Gebrauch der mannigfaltigen Immersions- oder Reinigungsflüssigkeiten wie Wasser, Öl, Monobromnaphtalin, Alkohol oder Benzin usw., der eine Lack von diesem, der andere von jenem Lösungsmittel angegriffen wird. Es ist daher schließlich das zweckmäßigste, diese Fassungen metallisch blank zu halten wie bei den Objektiven.

5. Bewegungen der Beleuchtungsvorrichtung.

Wechsel der Beleuchtung. Trennung und Vereinigung von Polarisator und Kondensor.

Die Hoch- und Tiefstellung der Beleuchtungsvorrichtung erfolgt durch eine sogenannte Schneckenschraube, also durch eine Schraube von sehr großer Steigung, die in dem Zylinder liegt, der auf Tafel II hinter dem Spiegelträger zu erkennen ist. Die Betätigung dieser Schraube geschieht durch den gerändelten Kopf am rechten (unteren) Ende. Etwas mehr als eine Umdrehung dieses Kopfes ändert die Höhenlage des Kondensors und Polarisators um 30 mm und paßt sich damit der Dicke des Kreuzschlittentisches von 28 mm gut an. Man kann also eine Kondensorlinse, die bei Hochstellung mit ihrer oberen Fläche in der Tischebene abschließt, noch 2 mm unterhalb des Tisches frei auf die Seite herausklappen, mit einem Flüssigkeitstropfen versehen, wie dies bei

Immersionsbeobachtungen notwendig ist, und wieder einfügen, ohne ein Abstreifen der Flüssigkeit am unteren Tischrand befürchten zu müssen. Vor allem kann man aber auf diese Weise die Immersionsflüssigkeit unter das Objekt bringen, ohne dessen Einstellung zu stören. Im übrigen ist die Beleuchtungsvorrichtung so eingerichtet, daß man beobachten kann:

1. ohne Polarisator und ohne Kondensor,
2. mit Polarisator und ohne Kondensor,
3. ohne Polarisator und mit Kondensor,
4. mit Polarisator und mit Kondensor.

Im ersten Fall wird die ganze Vorrichtung unter dem Tisch heruntergeschraubt, zur Seite geklappt und das Objekt nur mit dem Spiegel beleuchtet. Der Beleuchtungskegel hat in diesem Fall eine Öffnung von im Maximum etwa 36° oder eine numerische Apertur von etwa 0.31. Im zweiten Fall wird der Kondensor von seinem Ring abgehoben, worauf dann wieder die ganze Vorrichtung, diesmal also mit dem Polarisator allein, unter den Tisch geklappt und mehr oder weniger hochgeschraubt wird. Im dritten Fall wird einer von den verschiedenen Kondensoren aufgesteckt, alsdann der Polarisator an einem besonderen Gelenkarm zur Seite gedreht und nun der Kondensor mit der Irisblende allein eingeklappt und hochgeschraubt. Hierbei nimmt der Polarisator eine exzentrische Lage ein, wodurch er dem Strahlengang entzogen ist. Schließlich, im vierten Fall, bringt man die Klappvorrichtung zwischen Polarisator und Kondensor wieder zum Einschnappen und nimmt die Beleuchtung mit beiden vereint vor. Die Bedenken, die gegen solche Klappvorrichtungen im Interesse einer genauen Justierung des Polarisators geltend gemacht worden sind, haben sich als nichtig erwiesen. Die mechanischen Ausführungen an meinem Instrument, also die Führungen und Anschläge, sind so vollkommen hergestellt, daß man eine wesentliche Änderung der Polarisator-Orientierung nicht zu befürchten hat.

6. Tisch.

Ruhiger Gang. Ablesung des Nonius bei Kreuzschlittentisch. Objektführapparat.

Schreiten wir in der Beschreibung der einzelnen Teile von unten nach oben fort, so gelangen wir zum Tisch des Mikroskops. Ich habe mich noch an den drehbaren Tisch gehalten, daneben indessen auch eine Drehbarkeit der Polarisatoren, allerdings mehr qualitativer Art, die übrigens für alle praktischen Zwecke genügt, vorgesehen. Der drehbare Tisch hat eben doch für viele Beobachtungsverhältnisse den Vorzug der bequemeren und solideren mechanischen Ausführbarkeit. Wollte man bei drehbaren Polarisatoren die gleiche Ruhe der Erscheinungen bei allen Beobachtungsverhältnissen erreichen, also auch im konvergenten Licht, so müßte man wieder auf die nun wohl überwundene Konstruktion der gleichzeitig mit den Polarisatoren drehbaren Aufsatzanalysatoren zurückgreifen, da bei den drehbaren Tubusanalysatoren der mit dem Chaulnes-Sorbyschen Phänomen zusammenhängende störende Astigmatismus doch nicht beseitigt werden kann.

Der 110 mm große Tisch wird von einem 90 mm breiten und 12 mm dicken Ringstück getragen, das links hinten eine Ausladung trägt, und rechts hinten etwas ausgespart ist. Die Ausladung bildet, wie Tafel I zeigt, den Träger der Schneckenschraube des im vorigen Kapitel beschriebenen Beleuchtungsapparates. Die Aussparung ist verborgen und dient zur Aufnahme einer Feinbewegungsschraube, deren Griff auf Tafel II gleich unter dem Tisch zu sehen ist. Nach Einsetzung des mit einem konischen Ansatz versehenen Tisches in seinen Ringträger, bleibt eine freie Öffnung von 45 mm, die durch

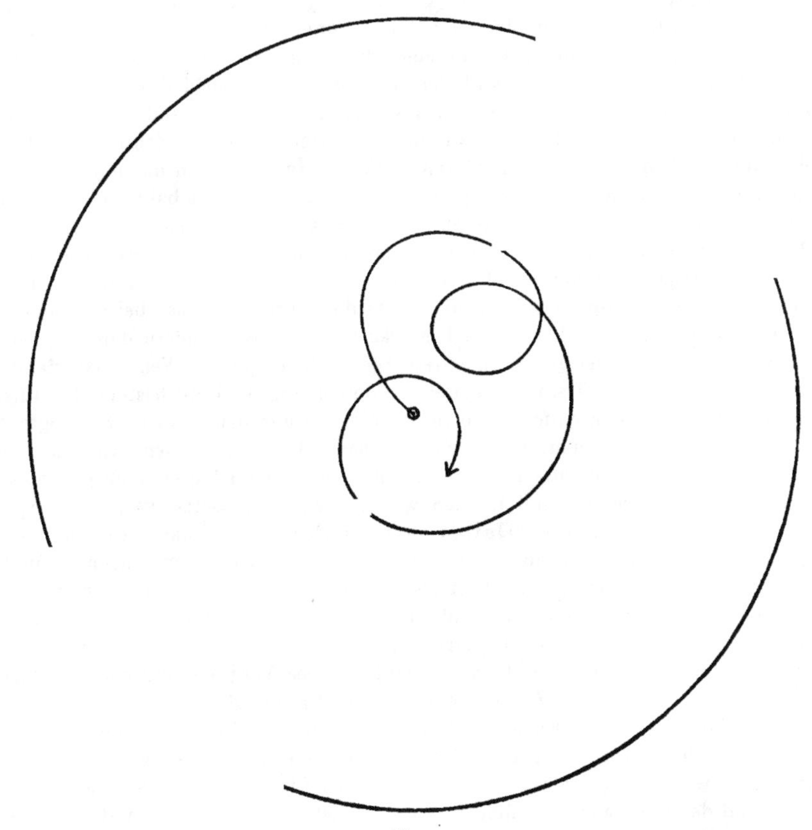

Figur 4.

Der große Kreis gibt für ein Auge in 25 cm Entfernung das Gesichtsfeld bei 1000facher Vergrößerung wieder. Die kreis- und epizyklenartigen Bögen zeigen die Bahn eines Punktes bei Drehung eines Tisches mit mangelhafter Achsenlagerung.

den aufgesetzten Kreuzschlittentisch auf 40 mm und durch eine in den Tisch eingelassene und abnehmbare Scheibe ganz oben auf 28 mm verengert wird. Man kann also mit einem sehr breiten Beleuchtungssystem und einem ebenso breiten Irisblenden-Mechanismus hoch hinauf unter das Objekt gelangen.

Die Hauptforderung, die an den drehbaren Tisch eines Polarisationsmikroskops gestellt werden muß, ist ein leichter und ruhiger Gang, der auch bei starker Vergrößerung keine schlagende Bewegung in störender Weise zu erkennen geben darf. Es muß also ein Objektpunkt, der einmal in die Drehachse des Tisches gebracht ist, bei der Drehung in vollkommen ruhiger Lage bleiben. Diese Forderung wird von mehreren Mikroskopwerkstätten in vorzüglicher Weise, von anderen allerdings auch recht mangelhaft erfüllt. Ich habe nicht selten die Wahrnehmung gemacht, sogar bei ganz neuen und sonst gut gearbeiteten Instrumenten, daß der eingestellte Punkt, der bei Drehung des Tisches eigentlich in Ruhe bleiben sollte, im Bild eine Bewegung macht, wie dies die gewundene Linie in Figur 4 andeutet. Hier stellt der Kreis das Gesichtsfeld des Mikroskops bei 1000facher Vergrößerung dar, wenn man das Auge in 25 cm Abstand hält. Es zeigen sich Ausschläge bis zu 50 μ, die eine dauernde einigermaßen genaue Zentrierung kleiner Objekte unmöglich machen, da bei solchen starken Vergrößerungen das objektive Sehfeld nicht mehr als 130 μ zu betragen pflegt und daher das Objekt bald die Mitte, bald fast den Rand erreicht. Besonders störend ist bei derartig unruhigen Bewegungen, daß das Objekt überhaupt nicht mehr in seine Anfangslage zurückkehrt, sondern ganz willkürliche epizyklenartige Bewegungen vollführt. Bei einer näheren Untersuchung der Tischlagerung hat sich herausgestellt, daß nicht nur die sorgfältige Ausarbeitung und Ineinanderschleifung von Tischkonus und Ringträger wichtig ist, sondern daß dabei auch die Konsistenz des Schmiermittels eine wesentliche Rolle spielt. Wenn man nämlich einen vorzüglich laufenden Tisch auseinander nimmt, reinigt und mit bestem Maschinenöl oder mit reinem Vaselin einfettet, so funktioniert er nur mangelhaft. So zeigte an einem vorzüglich gearbeiteten, seit 1887 viel benutzten Fuessschen Mikroskop der immer noch gut funktionierende Tisch, nachdem er aus seinem Lager herausgenommen, vom Schmiermittel gereinigt und trocken wieder ineinandergesetzt war, einen Spielraum von 5—6 μ. Ob dies vor 30 Jahren auch der Fall war, ist natürlich nicht mehr festzustellen. Reines Maschinenöl vermochte diese kleine Unruhe von einigen My in der Tischlagerung nicht zu beseitigen. Erst als man das Öl durch ein salbenartiges Fett ersetzte, das auch bei Goniometern und Theodoliten Verwendung findet, wurde der ruhige nicht schlagende Gang wieder erreicht.

Hat man an einem guten Mikroskop bei 100facher Vergrößerung eine sozusagen vollkommene Ruhe des einmal in der Drehachse befindlichen Objektpunktes beobachtet, so wäre es unbillig, nun bei 1000facher Vergrößerung dieselbe Vollkommenheit erwarten zu wollen. Hier darf schon eine geringe Unregelmäßigkeit der Bewegung bis zu wenigen My erkennbar werden. Auf seitlichen Druck oder bei Ein- und Ausschaltung der Feinbewegung soll der Tisch auch nur innerhalb eines Spielraums von wenigen My reagieren. Selbstverständlich muß er bei vertikaler und bei horizontaler Lage des Mikroskops die gleiche ruhige Bewegung zeigen und darf auch in der Höhenlage selbst bei stärksten Vergrößerungen nicht auf und ab schwanken und dadurch ein eingestelltes Objekt bald deutlich, bald undeutlich erscheinen lassen. Wenn bei dem Umlegen des Mikroskops ein Objektpunkt sich nicht mehr an der gleichen Stelle befindet, so liegt dies oft weniger an der Achsenführung des Tisches, als an einer Veränderung in der Schwerpunktsverteilung des Tubus.

Der Tisch trägt eine Gradteilung mit zugehörigem Nonius, welcher zehntel Grade abzulesen gestattet; eine genauere Nonienablesung hat nur für Spezialuntersuchungen praktische Bedeutung. Auch die weitverbreitete Einteilung des Nonius auf zwölftel Grade, also die Ablesungsmöglichkeit von 5 zu 5 Minuten, ist wegen der umständlicheren Notierung nicht zu empfehlen.

Auf den Tisch können viele Hilfsapparate aufgesetzt werden, wie z. B. ein Kreuzschlittentisch, der auf Tafel I und II abgebildet ist und von der Firma Winkel für das vorliegende Mikroskop neu konstruiert wurde. Auch bei extremster Lage der Schraubenköpfe und der Schlittenteile läßt sich der Tisch noch vollständig herumdrehen, wie das übrigens ebenso bei anderen Fabrikaten, wenn auch nicht bei allen, der Fall ist. Ferner sind die Schrauben so hoch über dem Limbus und dem Nonius angebracht, daß dieser noch abzulesen ist, selbst wenn die Schrauben gerade darüber stehen. Auf diese Weise kommt man mit einem einzigen Nonius aus, da ja bei Zehntelgradablesung Exzentrizitätsfehler des Limbus nicht zu befürchten sind.

Der Kreuzschlittentisch läßt sich durch Lösung einer einzigen Schraube und durch seitliche Herausschiebung aus einer kleinen schwalbenschwanzförmigen Vertiefung leicht entfernen, worauf er dann durch einen andern Tisch, der eine schnellere Hin- und Herbewegung der Objekte gestattet, ersetzt werden kann. Bei einem Neu- oder Umbau dieser letzteren sogenannten Objektführapparate, der leider zurzeit nicht möglich ist, sollte man aber darauf achten, daß die beiden Schrauben, die jede für sich die Bewegung in frontaler und sagittaler Richtung ausführen, nicht auf derselben Seite, sondern einander gegenüber liegen, damit beide Hände die Bewegung vorne-hinten und rechts-links ungestört und gleichzeitig ausführen können. Ferner dürfen an diesem Objektführapparat ebenso wie am Kreuzschlittentisch die Schraubenköpfe und die Schlitten

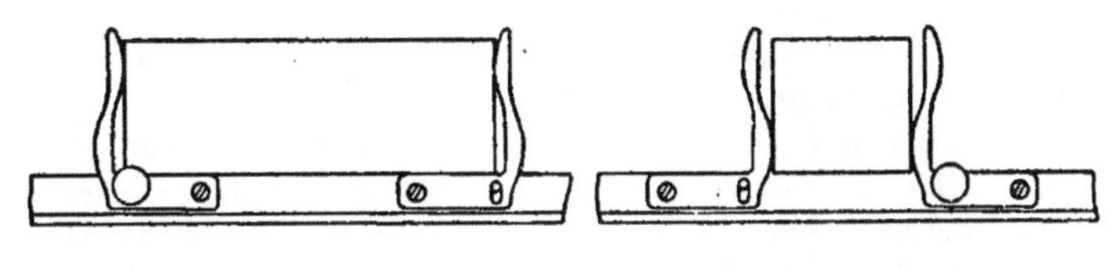

Figur 5. Figur 6.

weder die vollständige Umdrehung des Tisches noch die Bewegung eines Revolvers, wenn ein solcher benutzt werden sollte, irgendwie behindern. Schließlich sollen die Klammern, zwischen denen die Objektträger auf diesen Objektführapparaten gehalten werden, so konstruiert sein, daß sie nicht nur auf einige wenige Objektträgergrößen passen, sondern alle möglichen, auch kleinen Formate festhalten. Bei diesen Wünschen denke ich an die Untersuchung ganz großer etwa 10000 bis 20000 Dünnschliffe enthaltender Sammlungen, die aus den verschiedensten Zeiten stammen und daher auch die allerverschiedensten Formate enthalten. Um sich diesen anzupassen, müssen an den Objektführapparaten nur die Metallwinkel in den Führungsrinnen gegeneinander austauschbar sein und ihre Schenkel eine Gestalt wie in den Figuren 5 und 6 haben; solche Klammern sind dann auch für noch kleinere und noch größere Objektträger, als die in den Figuren 5 und 6 angedeuteten, geeignet.

Man wird unter unseren jetzigen Mikroskopen viele Tische finden, die zwar einige der oben verzeichneten Forderungen erfüllen, keine Konstruktion aber, die, wie das vorliegende Instrument, allen gerecht zu werden versucht.

7. Tubus.

Drei ineinander gleitende Rohre. Wechsel der Objektive und ihre Zentrierung.

Über dem Tisch folgt der Tubus, der sich hier aus drei ineinander gleitenden Rohren zusammensetzt. Sie mögen nach den wichtigsten von ihnen getragenen Teilen Objektivrohr, Amicirohr und Okularrohr genannt und in ihrer Gesamtheit als Tubus bezeichnet werden. Die Bewegung des Tubus geschieht im groben durch Zahnstange und Trieb und im feinen durch ein Mikrometerwerk, das im folgenden Kapitel näher beschrieben wird.

Das Objektivrohr ist am größten und umschließt daher die beiden andern Rohre. Es trägt unten die Objektive und ist an verschiedenen Stellen durchbrochen, um Gips- und Glimmerblättchen, Tubusanalysator und Amicische Linse aufzunehmen oder durchtreten zu lassen.

Das Amicirohr beginnt, wenn es ganz in das Objektivrohr hineingeschoben ist, gleich über dem Tubusanalysator. Es ist in seinem untern Teil von zwei Schlitzen durchbrochen, von denen der untere die Amicilinse trägt, und der obere einen Stift heraustreten läßt, der zu einer Irisblende gehört, die in der obern Brennebene der Amicilinse liegt. Dieser Stift befindet sich nahe über dem Amici, wie man auf Tafel I sehen kann, und liegt ziemlich tief unter seiner Irisblende. Die Zentrierung der Amicilinse erfolgt in der Richtung vorne—hinten (genau genommen auf einer kreisförmigen Bahn) durch einen feststellbaren Hebel, und in der Richtung rechts—links durch eine Schraube mit Gegenmutter. Die Sonderbewegung dieses Amicirohrs geschieht durch eine Triebschraube an der Stirnseite des Mikroskops. Die jeweilige Stellung gegen das Objektivrohr läßt sich an einer Millimeterskala ablesen.

Das Okularrohr, das oben die Okulare aufnimmt, gleitet in dem Amicirohr und wird ohne Trieb freihändig bewegt. Seine etwa notwendig werdende Festklemmung erfolgt durch eine kleine Schraube am Ende des Amicirohrs. Die Stellung gegen das Amicirohr, kann wieder an einer Millimeterskala abgelesen werden. Die Irisblende in der oberen Fokalebene der Amicilinse ist so gebaut, daß sie bei Tiefstellung des Okularrohrs noch hoch in dieses Rohr hinaufreicht. Die obere lichte Weite des Okularrohrs stimmt mit den Weiten bei den Mikroskopen von Zeiss und Leitz, aber nicht mit denen von Fuess überein. Der Unterschied beträgt allerdings nur etwa 0.1 mm; ich maß an meinem Instrument diese lichte Weite zu 23.26 ± 0.02 mm, und an Fuessschen Instrumenten zu 23.38 ± 0.02 mm[1]. Dieser an und für sich so unbedeutende Unterschied ist indessen doch recht bedauerlich, da manches Spezialokular, das von Fuess in der für uns geeignetsten Form gebaut wird — ich erinnere nur an den Babinetschen Kompensator — an den Mikroskopen von Leitz, Winkel und Zeiss nicht unmittelbar verwendet werden kann, weil es in das obere Tubusende nicht hineingeht.

Die beiden auf Amicirohr und auf Okularrohr angebrachten Millimeterskalen erlauben Objektive, Amicilinse und Okulare meßbar gegeneinander zu verschieben.

Der freie Raum über dem Tisch beträgt bei höchster Stellung des Tubus 12 cm bis zum unteren Tubusende. Die Ausladung des Tubusträgers, also des Arms am Bergerschen Stativ, geht so weit, daß noch Präparate von 15 cm Durchmesser auf dem Tisch Platz finden können, ohne anzustoßen.

---

[1] Bei Zeissschen Mikroskopen wird die innere Weite des Tubusauszugrohrs am Okularende zu 23.3 mm angegeben. S. Katalog über Mikroskope und mikroskopische Hilfsapparate. 35. Ausgabe. 1913. 48.

Wie man auf den Tafeln sieht, trägt mein Instrument keinen Objektivrevolver; doch möchte ich einem solchen Hilfsmittel zum schnellen Wechsel der Vergrößerungen nicht durchaus absprechend begegnen. Wenn es sich um die Durchsuchung sehr vieler Dünnschliffe handelt, und man hierbei in einer gewissen Hast fortwährend die Vergrößerungen wechselt, so hat der Revolver unzweifelhaft einige Vorzüge. Freilich darf man dann an die Zentrierung der Objektive keine allzu strengen Anforderungen stellen oder müßte die ganze Vorrichtung besonders gediegen und kostspielig bauen lassen. Bei den üblichen Ausführungen würde es sich empfehlen, wenn jedes auf den Revolver aufzuschraubende Objektiv noch eine kleine Sonderzentrierung trüge, die nur von Zeit zu Zeit benutzt wird, wenn irgendwelche kleinen Störungen in dem ganzen Mechanismus eingetreten sind. Auch möge noch darauf hingewiesen werden, daß es bequem ist, die Objektive am Revolver in solcher Höhe anzuschrauben, daß bei ihrem Wechsel nur geringe Tubusverschiebungen nötig sind, wie das ja bei einigen aber nicht bei allen Mikroskopen beachtet wird.

Neben den Objektivrevolvern sind auch im letzten Jahrzehnt wieder manche andere Konstruktionen ausgeführt worden, die einem schnellen Wechsel der Objektive dienen, wie er jetzt bei allen mineralogisch-petrographischen Arbeiten verlangt wird. Der von S. Czapski schon 1887 beschriebene Schlittenobjektiv-Wechsler[1] ist in dem Zeissschen Katalog zwar auch noch 1912/13 aufgeführt, hat aber nunmehr wohl durch viele einfachere Konstruktionen Ersatz gefunden. Diese greifen mehr oder weniger alle auf eine Idee zurück, die Nachet an seinen Mikroskopen schon vor Jahrzehnten ausgeführt hat. Hiernach trägt bekanntlich jedes Objektiv einen Ring, der durch eine ring- oder zangenförmige Klammer auf einen Konus am Ende des Tubus aufgepreßt wird. Da man es nun hierbei mit der Berührung größerer Metallflächen, die nicht immer ganz staubfrei sind, zu tun hat, und da man den Ring des Objektivs nicht jedesmal im gleichen Azimut auf den Konus des Tubus aufsetzt, werden bei diesen Ring-Klammer-Konstruktionen kleine Dezentrierungen nicht zu vermeiden sein. Dieser Übelstand ist manchmal dadurch beseitigt worden, daß man den Ring auf einer Seite ausgespart und dann immer im gleichen Azimut über eine im Profil schwalbenschwanzförmige Verdikkung des unteren Tubusendes hinübergeschoben hat. Die Berührung größerer Metallflächen ist aber auch hierbei noch nicht vermieden, und die Dezentrierung infolge der Verstaubungen immer noch zu befürchten. Man sollte eben viel mehr von der Tatsache Gebrauch machen, daß zwei Gegenstände — hier Tubusende und Objektiv — am eindeutigsten gegeneinander orientiert werden, wenn der eine von ihnen den andern nur in drei Punkten berührt. Daraus hat in sehr praktischer Weise die Firma Leitz in einer neueren Konstruktion Nutzen gezogen. Jedes Objektiv ist auf einen ihm angehörenden Ring durch zwei Schräubchen zentrierbar, und jeder Ring trägt oben drei kleine nur wenig hervorragende Knöpfchen, die auf eine Fläche am Tubusende aufgepreßt werden. Die dazu dienende Klammer ist so gebaut, daß das Aufsetzen nur in einem ganz bestimmten Azimut geschehen kann. Trotz dieser gut funktionierenden Einrichtung wird man aber eine Zentriervorrichtung am Ende des Tubus doch nicht gerne entbehren, um gelegentlich und schnell kleine Dezentrierungsfehler beseitigen zu können. Bei den petrographischen Untersuchungen sehr kleiner Objekte im konvergenten Licht ist eben manchmal

[1] Zeitschr. f. wiss. Mikrosk. 4 (1887), 293.

eine recht genaue Objektivzentrierung erforderlich, die kein Mechanismus auf die Dauer gewährleistet. Dazu sollten also Zentrierschrauben am Tubusende doch noch vorhanden sein und dann unmittelbar mit bequemen am besten zylinderförmigen Schraubenköpfen, nicht mit Uhrschlüsseln oder dergl., gebraucht werden können. Unerläßlich ist aber die Zentriervorrichtung am unteren Ende des Tubus, wenn die Zentrierung nicht an jedem Objektiv besonders vorgenommen werden kann, wie an dem Zeissschen Schlitten-objektiv-Wechsler und an der neuen Leitzschen Vorrichtung. Auch hierfür sind im Lauf der Jahrzehnte eine ganze Reihe von Konstruktionen eingeführt worden. Nach einigem Probieren bin ich im Prinzip wieder auf den schon vor 40 Jahren bei den Fuessschen Mikroskopen vorhandenen Mechanismus zurückgekommen, habe ihn aber dem

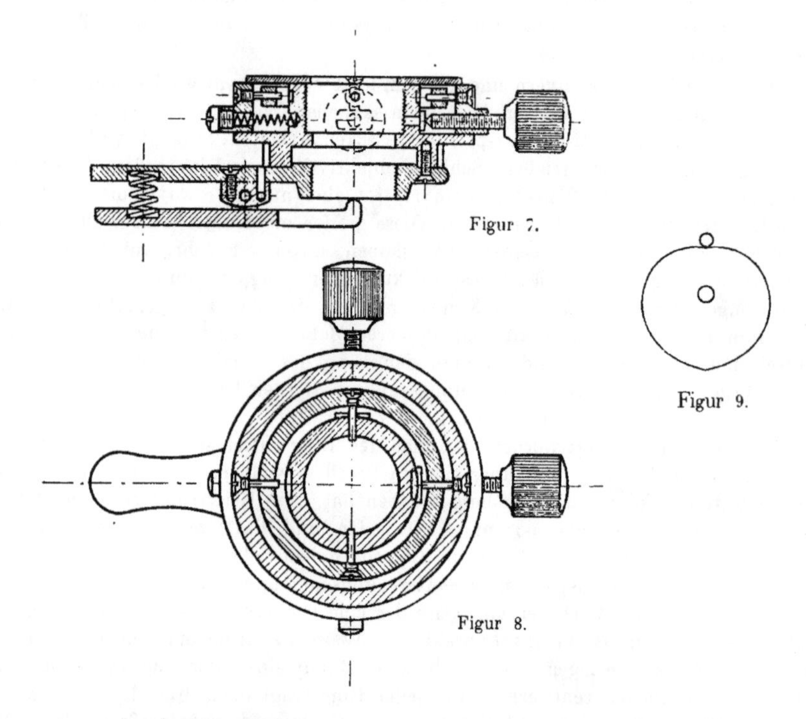

Figur 7.

Figur 8.

Figur 9.

Durchmesser meines Objektivtubus entsprechend etwas größer herstellen und die Feinstellschrauben von noch geringerer Steighöhe anfertigen lassen. Diese Schrauben haben jetzt eine Steighöhe von nur 1/5 mm und eignen sich wegen ihrer Feinheit zu den Zentrierarbeiten ganz vorzüglich. Aus den im Maßstab 1 : 1 gezeichneten Figuren 7 und 8 sind einige Einzelheiten der Konstruktion zu erkennen. Wichtig ist die Unabhängigkeit der Bewegung vorne—hinten von der Bewegung rechts—links. Einfachere Konstruktionen haben sich auf die Dauer nicht bewährt.

Der Schlitz über der Objektivklammer und unter der Zentriervorrichtung für die Objektive verläuft im Azimut von 45°. Ich gebe dieser Stellung vor der frontalen Orientierung den Vorzug, weil es dann einerlei ist, mit welcher Seite nach oben das Gipsblatt eingeschaltet wird. Der Schlitz ist so hoch, daß auch 3.75 mm dicke Quarzplatten noch genügend Raum haben.

8. Bewegungsvorrichtungen des Tubus.

Grobe Bewegung und Feinbewegung.

Die grobe Bewegung des Tubus erfolgt in der üblichen Weise durch Zahnstange und Trieb. Die Zahnstange trägt seitlich eine auf Tafel II sichtbare Millimeterteilung, die an einem Nonius entlang gleitet und Ablesungen über eine Länge von etwa 80 mm auf zehntel Millimeter genau gestattet.

Die Feinbewegung des Tubus bedarf einer etwas eingehenderen Besprechung. Bei ihr handelt es sich bekanntlich um eine Bewegung, die sich nur über wenige Millimeter erstreckt, die aber innerhalb dieses kleinen Raumes auf einzelne My und auf Bruchteile von My richtig meßbar erfolgen sollte, und die auch im Ablesungsmodus unmittelbar nach dem Dezimalsystem, also ohne weitere Umrechnung, ausführbar sein muß.

Bei den alten Stativkonstruktionen der Prismenführung, die für größere Mikroskope jetzt wohl aufgegeben ist, ließ man häufig in der Richtung des Prismas eine Mikrometerschraube von ½ mm Steighöhe wirken, deren Kopf in 100 Teile geteilt war und in der Nummerierung bis zu 500 μ fortschritt. Jeder Teilstrich hatte also den Wert von 5 μ, wobei die verschiedene Länge der Teilstriche für eine bequeme Ablesung nach dem Dezimalsystem sorgte. Diese eigentlich selbstverständliche Ablesungsmöglichkeit nach dem Dezimalsystem ist nun aber leider bei den Neukonstruktionen, die mit der Einführung des Bergerschen Stativs aufgekommen sind, durchaus nicht immer eingehalten worden. So begegnet man Mikrometerschraubenköpfen mit 100 Teilstrichen, von denen jeder 2 μ gilt, wo aber trotzdem die Nummerierung für einen Umlauf nicht bis 200, sondern nur bis 100 geht. Oder man sieht andere Teilungen, die einen Umkreis in 50 Teile teilen, von denen jede Einheit aber nicht 2 μ, wie die Bezifferung sagt, sondern 4 μ entspricht. Es kommen sogar Teilungen vor, die den Umkreis in 40 Teile zu je 1 μ teilen, wo man also bei mehrfacher Überschreitung des Nullpunktes mit dem Mehrfachen von 40 Einheiten zu rechnen hat. Aus allen solchen unpraktischen Einteilungen und Nummerierungen kann man erkennen, daß diese Mikrometervorrichtungen eigentlich nur zur Einstellung auf Bildschärfe benutzt und daß damit selten wirkliche Messungen ausgeführt werden. Und doch sind gerade diese Feinbewegungen der Tuben ganz vorzüglich zu sehr genauen Messungen geeignet.

Im einzelnen habe ich unter den mit dem Bergerschen Oberbau zusammenhängenden Neukonstruktionen besonders folgende drei Typen näher kennen gelernt.

Bei der einen Konstruktion hat man Wert darauf gelegt, die Mikrometerschraube dadurch vor Beschädigung zu bewahren, daß die Bewegung der Griffschrauben nirgends aufhört, daß also der Schlitten, der den Tubus trägt, bei der Erreichung seines Bahnendes und bei weiterer Drehung der Griffschrauben von selbst in die entgegengesetzte Bewegung umschlägt. E. Leitz hat diese endlose Feineinstellung dadurch sehr sinnreich bewirkt, daß er das Gewicht des Tubus durch einen passenden Zapfen auf ein herzförmiges Metallstück drücken läßt, dessen Peripherie von zwei symmetrisch liegenden

Spiralen gebildet wird. Liegt der Sinus der Spirale unter dem Zapfen, wie in der schematischen Figur 9 auf S. 18, so befindet sich dieser und damit der Tubus in tiefster Stellung; liegt dagegen die Spitze der Spirale unter jenem Zapfen, so ist der Tubus am meisten gehoben. Diese Konstruktion bringt aber für mineralogisch-petrographische Untersuchungen einen unleugbaren Nachteil mit sich. Man weiß nämlich nie, auf welcher der beiden Spiralen der Tubus ruht, und ob man es daher bei einem gewissen Bewegungssinn der Griffschrauben mit der auf- oder mit der absteigenden Spirale zu tun hat, ob also der Tubus sich hebt oder senkt, was bei Beobachtung der Beckeschen Linie sehr hinderlich sein kann. Ferner sind die Formen der Spiralen nicht quantitativ genau genug durchgearbeitet, um bei Messungen zu einfachen Zahlenwerten zu führen. Ich bestimmte an einem mit dieser Feinbewegung ausgestatteten Mikroskop den Wert der Teilungseinheit an der Griffschraube zu 3.766 μ, während 4 μ angegeben war. Zu qualitativen Einstellungen sind diese Feinbewegungen gleichwohl sehr gut geeignet.

Bei einer anderen Konstruktion der Feinbewegung von E. Leitz rollt eine Stahlkugel auf einer schiefen Ebene und hebt oder senkt dadurch den Schlitten, der den Tubus trägt. Bei dieser Anordnung aber bewegen sich Tubus und Griffschrauben der Feinbewegung umgekehrt, als man dies gewohnt ist. Man sollte unbedingt daran festhalten, — wieder im Interesse der Lichtbrechungsbestimmungen — daß bei Drehung der rechten Griffschraube im Uhrzeigersinne der Tubus sich senkt, daß also der Tubus durch die Drehung der Feinbewegungsschrauben im gleichen Sinne gehoben und gesenkt wird, wie durch die Griffköpfe der groben Einstellung, während hier wie gesagt der Vorgang umgekehrt verläuft. Außerdem läßt auch hier die Auswertung der Teilung einiges zu wünschen übrig. Es sollte nämlich bei einer Steighöhe der Mikrometergriffschraube von $s = 0.5$ mm und der Einteilung des Kopfes in 100 Teile die schiefe Ebene einen Winkel von $\alpha = 68^0 12'$ gegen die Schlittenachse des Tubus haben, damit die Einheit p der Skala einem abgerundeten Mikrometerwert entspräche. Denn, da

$$p = \frac{s \cdot \operatorname{cotg} \alpha}{100},$$

so erhielte man

$$p = \frac{0.500 \cdot \operatorname{cotg} 68^0 12'}{100} - 0.00200 \text{ mm}.$$

Statt dessen maß der Winkel der schiefen Ebene $67^0 25'$ und der Hub betrug pro Einheit der Teilung nicht 2 μ, sondern 2.080 μ.

Eine dritte Konstruktion, die von Berger selbst angegeben wurde und besonders von der Firma Zeiss hergestellt wird, habe ich in der prinzipiellen Anordnung der Teile für mein Mikroskop adoptiert. Nur wurde Bewegungsmaß und Ablesungsmaß in bessere Übereinstimmung mit dem Dezimalsystem gebracht, so daß man die Feinbewegungsschrauben beliebig oft über ihren Nullpunkt hinaus drehen kann und doch immer unmittelbaren Anschluß des Bewegungsmaßes an das Maß der Ablesung findet. Dieser Mechanismus der Feinbewegung ist in den Figuren 10, 11, 12 und 13 von verschiedenen Seiten teils in wirklicher, teils in halber Größe abgebildet. In Figur 10 sieht man den vorne am Arm des Mikroskops angeschraubten kastenförmigen Teil des Stativs von der Seite. Unten sitzt ein kleiner Ambos, der die Unterlage für die Spitze der Mikrometerschraube bildet und aus glashartem Stahl besteht. Auf der unteren zylinderförmigen Fortsetzung der

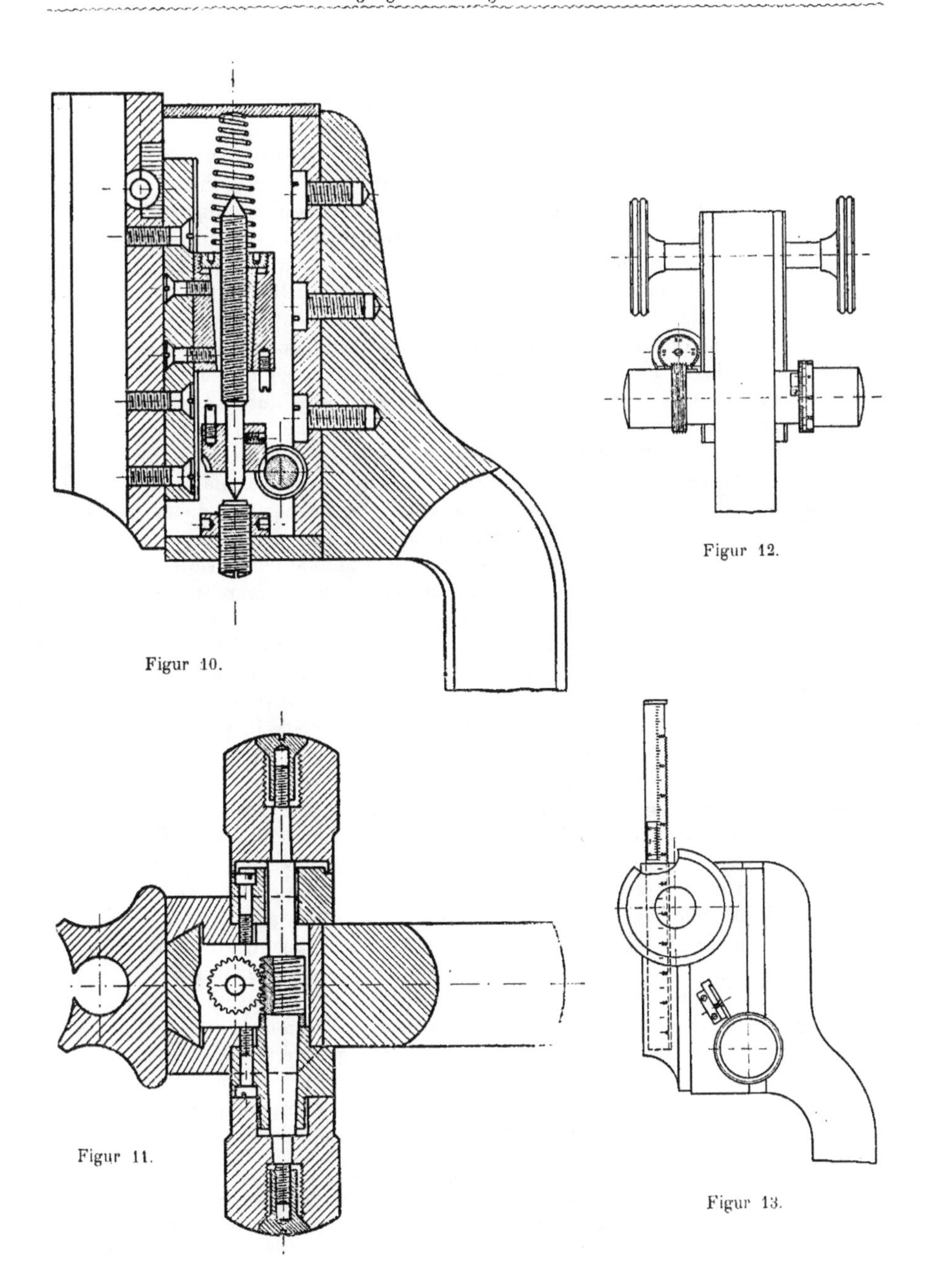

Figur 10.

Figur 11.

Figur 12.

Figur 13.

Mikrometerschraube sitzt ein Schneckenrad, das auch in Figur 11 von oben zu erkennen ist. Die Mikrometerschraube selbst läuft in einer langen außen zylinderförmigen Mutter, die auf einem Schlitten befestigt ist. Dieser wird mit seinem schwalbenschwanzförmigen Profil (s. Fig. 11) von oben in den Kasten eingeschoben und so weit hinuntergelassen, bis die untere Spitze der Mikrometerschraube den Ambos berührt und bis gleichzeitig das auf dem unteren Teil der Mikrometerschraube sitzende Schneckenrad in die seitlich gelagerte Schnecke eingreift. Die Schnecke ist am besten aus Figur 11 zu erkennen. Sie wird durch die beiderseits herausragenden Griffknöpfe bewegt. Diese sind in Figur 11 nicht vollständig gezeichnet, während die Ansicht von hinten in Figur 12 auf der rechten Griffschraube noch eine Teilung und auf der linken Griffschraube noch eine in ein Zahnrad eingreifende Spirale erkennen läßt. Der Teilkreis rechts erlaubt Hundertstel einer Umdrehung und die Spirale mit dem Zahnrädchen links ganze Umdrehungen abzulesen. Die in Figur 10 sichtbare Spiralfeder sorgt für guten Kontakt von Ambos und Spitze, und der tote Gang des ganzen Mechanismus wird durch Abstimmen zwischen den Höhenlagen von Ambos-Oberfläche, Schneckenrad und Schnecke größtenteils beseitigt[1]. Die Ablesungsmöglichkeiten sowohl für grobe wie für feine Bewegung sind durch Figur 12 und 13 noch verdeutlicht. Auch sieht man hier, wie handlich die Triebknöpfe für Grob- und Feinbewegung liegen, und wie bequem bei dieser Bergerschen Anordnung der Übergang von der einen zur anderen Bewegung ist.

Die Mikrometerschraube hat 1.250 mm Steigung[2]; das auf der gleichen Achse sitzende Zahnrad hat 25 Zähne; die Schnecke, die in das Zahnrad eingreift, besteht aus zwei nebeneinander herlaufenden Spiralen, so daß bei einer Umdrehung dieser Schnecke das Zahnrad um 2 Zähne, also um 2/25 einer Umdrehung gedreht wird. Demnach bewirkt die Mikrometerschraube bei einer Umdrehung der Feinstellgriffschraube einen Hub des Tubus von 0.100 mm. Wenn wir nun die Griffschraube mit einer hundertteiligen Skala versehen, so entspricht hier jeder Teil einem Hub von genau 1 μ. Die Teilung erlaubt nicht nur diese einzelnen My, sondern auch noch Bruchteile bis zu zehntel My bequem, für weitsichtige Augen allenfalls mit einer schwachen Lupe, abzuschätzen. Zwei im Abstand von 4 mm stehende weiße Marken auf schwarzem Grund außen auf den Wangen des Kastens, auf Tafel II rechts unten neben dem Griff der Grobbewegung sichtbar, zeigen an, innerhalb welcher Grenzen die Feinbewegung benutzt werden soll. Indessen darf man über diese Marken ganz erheblich hinausgehen, ohne eine Beschädigung der Mikrometerschraube befürchten zu müssen.

Wenn die Feinbewegung des Tubus qualitativ und quantitativ gut funktionieren soll, so muß nicht nur die Spitze der Mikrometerschraube sorgfältig achsial liegen, es muß auch der kleine Stahlambos, auf welchen diese Spitze aufstößt, recht genau vertikal zum Schlitten gelagert sein. Schon ein kleines Schlagen der Spitze und eine geringe Neigung der Ambosfläche würde fehlerhafte Messungen verursachen können. Weicht die Ambosfläche um α^0 von der richtigen Lage ab, und zeigt die Spitze der Mikrometerschraube von deren verlängert gedachter Achse eine Abweichung von r mm, so kann, wie aus Figur 14 hervorgeht, bei einer halben Umdrehung der Mikrometerschraube ein

[1] Vollständig aufheben ließe sich dieser tote Gang, der übrigens wenig stört, wenn man nach dem Vorgang von M. Berger das Schneckenrad aus zwei gegeneinander drehbaren, verzahnten Scheiben herstellte, die durch eine Blattfeder gegen die Gänge der Schraube ohne Ende angedrückt werden.

[2] In Figur 10 ist noch eine alte Mikrometerschraube mit 1.000 mm Steigung gezeichnet.

Fehler $h = 2\,r \cdot \mathrm{tg}\,\alpha$ im Hub des Tubus entstehen. Angenommen, die Exzentrizitat der Spitze betrage $r = 0.05$ mm, und die Ambosfläche liege unter $\alpha = 0^0 30'$ fehlerhaft, so ist $h = \mathrm{tg} 0^0 30' \cdot 0.10$ mm $= 0.00087$ mm. Man könnte also hier einen Fehler von fast 1 μ begehen.

Bei der schlagenden Bewegung muß man bedenken, daß die Spitze zwar recht genau zentrisch auf der Mikrometerschraube selbst sitzen wird, daß aber diese Unruhe

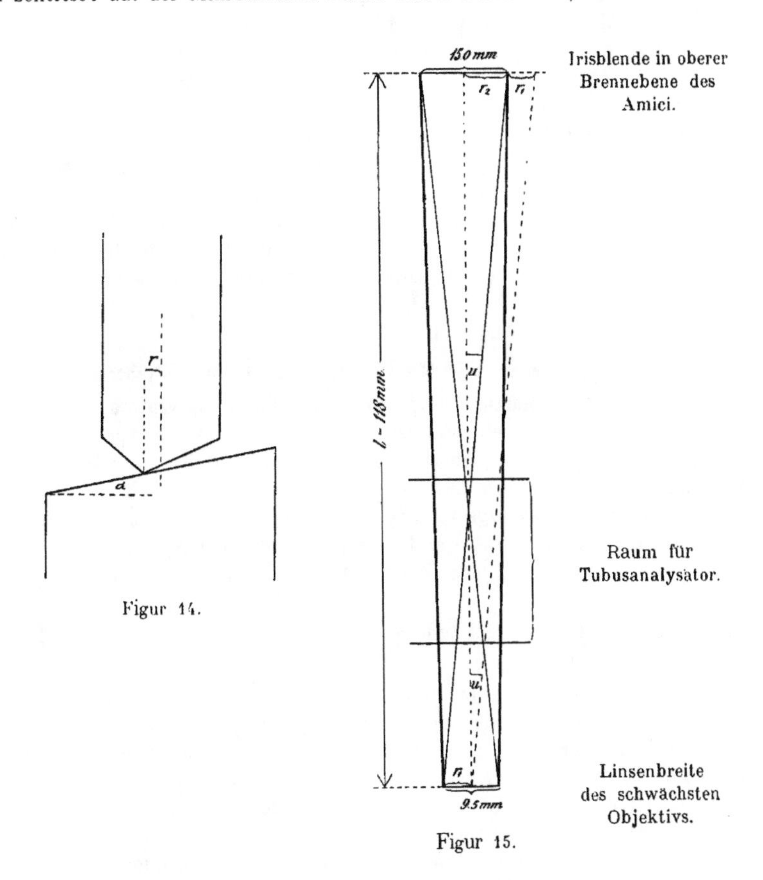

Figur 14.

Figur 15.

durch die Führung der Mikrometerschraube in ihrer Mutter, oder noch mehr durch die immer etwas lockere Führung des Schlittens in den Wangen des Kastens verursacht sein kann. Diese letzteren schlagenden Bewegungen bleiben aber praktisch ohne Einfluß auf den Hub, wenn $\alpha = 0^0$, wenn also die Ambosfläche möglichst genau vertikal zur Spindelachse und zur Schlittenachse gelegt wird. Ich habe diese Ambosfläche dadurch in die genau richtige Lage gebracht, daß ich sie mit der Messingplatte, die diesen Ambos trägt, und die den Kasten des Mikrometerwerks unten abschließt, auf meinem

Apparat zur Herstellung orientierter Kristallschliffe anschliff und hoch polierte. Natürlich dürfen Feilstriche, die leicht mehrere My Tiefe erreichen, auf dem Ambos nicht vorhanden sein.

Zur genauen Auswertung oder auch nur zur Kontrolle der Tubusfeinbewegung hat sich folgende Anordnung als zweckmäßig erwiesen. Man kittet mit Wachs ein Objektmikrometer auf das Okularende des Tubus oder auch auf den Schlitten hinter der Zahnstange, sodaß die Skalenabstände dieses Mikrometers der Schlittenachse parallel laufen. Wählt man hierzu die vortrefflichen Möllerschen Objektmikrometer — 2 mm in 200 Teilen —, so muß man sich zuvor von dem Maß der Schrumpfung oder Ausdehnung der photographischen Schicht überzeugen; sie kann leicht 1% oder mehr betragen. Alsdann richtet man auf diese Skala ein anderes Mikroskop, wie z. B. das Winkelsche „horizontale Meß-Mikroskop für pflanzenphysiologische Untersuchungen nach Professor Pfeffer-Leipzig", stellt beide Mikroskope auf eine gemeinschaftliche Eisenplatte und auf einen möglichst erschütterungsfreien Tisch. Eine hundertfache Vergrößerung des horizontalen Mikroskops erlaubt eine relative Genauigkeit bis auf Bruchteile von My und läßt also auch bis auf dieses Maß die Feinbewegung kontrollieren.

9. Tubusanalysator.

a) Größe, Apertur und Konstruktion des Tubusanalysators.

Die Breite und die Polarisationsapertur eines Tubusanalysators ergibt sich aus Figur 15, wo unten die Linsenbreite eines sehr schwachen Objektivs (Apochromat 40 mm) mit $2\,r_1 = 9{,}5$ mm, wo oben im Abstand $l = 118$ mm die weitest geöffnete Irisblende des Amicirohrs mit $2\,r_2 = 15$ mm eingezeichnet ist, und wo ferner zwischen den horizontalen Strichen der Tubusanalysator liegen soll. Bei dieser extremen Optik muß die wirksame Breite des Analysators 11 mm betragen, und seine Apertur, wenn man von der Strahlenversetzung absicht, den Wert $2\,u = 11^0 52'$ erreichen, da

$$\operatorname{tg} u = \frac{r_1 + r_2}{l}.$$

Andere extreme optische Verhältnisse treten bei dem Awi-System ein (s. S. 45 ff.) mit $2\,r_1 = 13$ mm Ausdehnung des primären Interferenzbildes und bei Einschaltung der Amici-Linse in tiefster Stellung, wo $l = 87$ mm ist. Die untere Seite des Analysators liegt hier 40 mm über den peripherischen Teilen des stark gewölbten Interferenzbildes (s. S. 61 ff.). Es ist unschwer abzuleiten, daß die Forderungen, die hier an den Analysator gestellt werden, nicht wesentlich verschieden sind von denen bei der Beobachtung im parallelen Licht. Hält man sich an die im Handel vorkommenden Fabrikate, so ist für die vorliegenden Zwecke ein mit Leinöl gekittetes Ritter-Franksches Prisma geeignet, das bei Dr. Steeg und Reuter unter Nr. 1033 (Preisliste Nr. 6) aufgeführt ist und eine wirksame Breite von 11×12 mm, eine Länge von 26 mm und eine Apertur von 13^0 hat. Auch Ahrenssche Prismen von entsprechend geringerer Länge kann man einschalten.

Die Endflächen des Tubusanalysators müssen genau parallel und auch senkrecht zur Achse des Strahlengangs liegen, damit bei Ein- und Ausschaltung keine Bildverschiebung eintritt. Bei meinem Modell beträgt die Abweichung von der Parallelität nur $0^0\!.2'$ und die Bildverschiebung ist unmerklich.

b) Bewegung des Tubusanalysators.

Der Tubusanalysator ist bekanntlich in einem Kasten untergebracht, der sich im Objektivrohr *leicht* hin- und herschieben läßt. Ich möchte jene Ausführungen, bei welchen dieser Kasten unter etwas Reibung hin- und hergeschoben wird, nicht unterstützen, und ziehe den *leichten* Gang entschieden vor. Der Kasten darf sogar ein wenig locker in den Ausschnitt des Objektivrohrs eingepaßt sein, damit das fortwährende Aus- und Einschalten um so rascher vonstatten geht. Untersuchungen bei genauster Kreuzung der Nicols geschehen ohnehin besser mit dem Aufsatzanalysator.

Der Tubusanalysator ist um 90⁰ um die Achse des Tubus drehbar. Für gewöhnlich geschieht diese Drehung mit einem Stift, der in Tafel I an der linken Seite der Skala des Tubusanalysators dicht neben einer Schraube zum Festklemmen des Analysatorschiebers zu sehen ist. Auch kann die Drehung gleichzeitig mit dem Polarisator ausgeführt werden, wenn man sich eines einfachen Stangenwerks mit zwei Ansätzen bedient, das unten auf Tafel I abgebildet ist. Für viele Arbeiten ist nicht einmal das einfache Stangenwerk erforderlich, weil die Keuzung der Polarisationsprismen schon an den Interferenzerscheinungen deutlich genug erkannt wird.

10. GAUSSsches Spiegelglas im Tubus.

Ein unter 45⁰ gegen die Mikroskopachse geneigtes Glas, das die Funktion eines GAUSSschen Spiegels bei Fernrohr-Autokollimationen übernimmt und bei unseren Mikroskopen zuweilen auch WRIGHTsches Glas genannt wird, ist in einen Schieber eingebaut, der gegen den Tubusanalysator ausgetauscht werden kann. Es findet hauptsächlich Verwendung bei der FEDOROWschen Autokollimation und bei der Beobachtung undurchsichtiger Objekte. Auf Tafel I ist dieses GAUSSsche Glas unten rechts neben den Kondensoren abgebildet.

11. Fadenkreuz der Okulare.

Die Okulare der Polarisationsmikroskope unterscheiden sich von denen vieler anderer Mikroskope durch ein Fadenkreuz. Dieses sollte für kurzsichtige, normalsichtige und weitsichtige Augen scharf einstellbar sein, wozu bekanntlich das Augenglas der HUYGHENSschen Okulare verschiebbar sein muß und nicht wie bei sonstigen Okularen dieser Art fest eingesetzt werden darf. Indessen vermag bei den üblichen Ausführungen ein Kurzsichtiger das Fadenkreuz, selbst bei vollständig hineingeschobenem Augenglas, öfters noch nicht deutlich zu erkennen, während umgekehrt ein Weitsichtiger durch Herausziehen des Augenglases viel eher zu seinem Recht kommt. Um nun zur Beseitigung dieses von vielen Werkstätten gar oft begangenen Fehlers beizutragen, habe ich für eine Reihe von Okularen den Abstand der jeweiligen Augenlinse vom Fadenkreuz für verschiedene Augen berechnet. Das Auge liege immer 1 cm über dem Augenglas, und die deutliche Sehweite sei für kurzsichtige Augen zu 11 cm, für normale Augen zu 25 cm, und für weitsichtige Augen zu 39 cm angenommen. Der Abstand des Fadenkreuzes von der Augenlinse muß dann zu seinem deutlichen und zwanglosen Erkennen bei Augenlinsen mit der Brennweite F die in umstehender Tabelle unter A_k, A_n und A_w angegebenen Werte erreichen.

Die Unterschiede der in den letzten beiden Kolonnen unter $A_n - A_k$ und $A_w - A_n$ angegebenen Zahlen machen auch begreiflich, warum die Konstruktionen den weitsichtigen Augen viel häufiger als den kurzsichtigen gerecht werden. Denn um das für ein normales Auge eingestellte Okular einem kurzsichtigen Auge anzupassen, muß man das Augenglas durchschnittlich 2½ bis 5mal stärker hineindrücken als bei der Anpassung

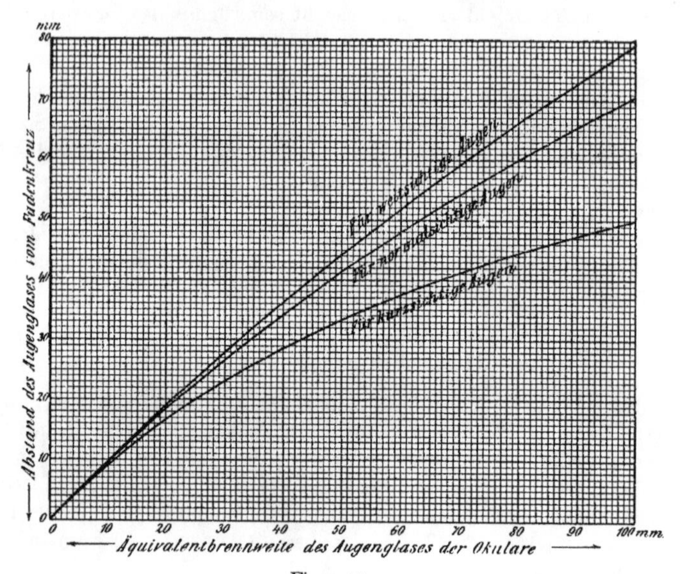

Figur 16.

Abstände A_k, A_n, A_w der Augenlinse vom Fadenkreuz bei Huyghensschen Okularen mit Augenlinsen von der Brennweite F; alle Zahlen bedeuten Millimeter.

F	für Kurzsichtige A_k	für Normalsichtige A_n	für Weitsichtige A_w	$A_n - A_k$	$A_w - A_n$
10	9.1	9.6	9.7	0.5	0.1
20	16.7	18.5	19.0	1.8	0.5
30	23.1	26.7	27.8	3.6	1.1
40	28.6	34.3	36.2	5.7	1.9
50	33.3	41.4	44.2	8.1	2.8
60	37.5	48.0	51.8	10.5	3.8
70	41.2	54.2	59.1	13.0	4.9
80	44.4	60.0	66.1	15.6	6.1
90	47.4	65.5	72.8	18.1	7.3
100	50.0	70.6	79.2	20.6	8.6

an ein weitsichtiges Auge herausziehen. Man vergleiche hierzu auch die Abstände der drei Kurven in Figur 16, deren Abszissen die Brennweiten der Augengläser und deren Ordinaten die Abstände der Augengläser von den Fadenkreuzen darstellen. Die Kurve der Kurzsichtigen entfernt sich stärker als die Kurve der Weitsichtigen von der Kurve der Normalsichtigen.

Die Okulare sind an Stelle der Fadenkreuze zuweilen auch mit Mikrometerskalen oder mit quadrierten Skalen oder mit den für Dunkelfeldbeleuchtung sehr zweckmäßigen Stufenmikrometerskalen von C. METZ[1] versehen. Zu Mikrometerskalen nimmt man am besten die photographierten MÖLLERschen Okularmikrometer, bei denen eine Skala von 10 mm in 100 Teile geteilt, mit Nummern von 1 bis 10 versehen und zwischen runde Glastäfelchen von 14 mm Durchmesser und 1.6 mm Gesamtdicke, neuerdings auch zwischen dünnere Gläser, eingeschlossen ist. Solche photographierten Skalen ziehe ich den in Glas eingravierten entschieden vor, weil die schwarzen Linien der Photographien besonders gut zu erkennen sind.

Zur Einstellung der Fadenkreuze auf die Ebenen der Nicolhauptschnitte ist an jedem Okular außen ein verstellbarer Ring angebracht, der einen in die Schlitze am oberen Tubusende passenden Ansatz trägt. Nach Einstecken des Okulars in das Okularrohr kann dieser Ring durch eine Schraube gelockert und das Okular mit seinem Fadenkreuz in das richtige Azimut gedreht werden, worauf dann die Festschraubung des Ringes von außen erfolgt, ohne das Okular herauszunehmen. Durch diesen äußeren Ring läßt sich das Fadenkreuz bequemer auf die Nicolebenen einstellen als durch die bisherigen Vorrichtungen, die wohl meistens auf eine Drehung der die Fadenkreuze tragenden Okularblenden hinauslaufen.

12. Aufsatzanalysator.

Aufsatzanalysatoren kommen meistens dann zur Anwendung, wenn die Tubusanalysatoren mit ihren kleinen Teilkreisen eine genaue Kreuzung der Nicols nicht auszuführen gestatten, oder wenn sich die durch den Tubusanalysator bewirkte astigmatische Brechung störend bemerkbar macht. Diese Störung kann bei mikroskopischem und bei teleskopischem Strahlengang eintreten. Über erstere wird im nächsten Kapitel eingehend verhandelt werden; über letztere sei nur so viel bemerkt, daß die Auswertungen der Achsenbilder unter der durch die astigmatische Brechung bewirkten parallaktischen Unruhe der Einstellung leiden können.

Der Limbus eines Aufsatzanalysators sollte immer auf ganze Grade, nicht von 5 zu 5 Graden, geteilt sein, und auch die Einstellmarke auf dem Teller am Tubusende sollte so fein ausgeführt sein, daß noch zehntel Grade bei der Einstellung zu schätzen sind. Die meisten mir bekannt gewordenen Teilungen entsprechen diesen Anforderungen nur in mangelhafter Weise.

Die Polarisationsapertur eines Aufsatzanalysators muß groß sein und sich dem scheinbaren Gesichtsfeld der Okulare anpassen. Im allgemeinen ist hier eine Polarisationsapertur von etwa 30° erforderlich. Mein Aufsatzanalysator ist von gleichem Konstruktionstypus, aber von etwas anderm Längenverhältnis wie der große Polarisator unter dem Tisch; er besteht also auch aus einem dreiteiligen AHRENSschen Prisma mit der RITTER-FRANKschen Variante. Seine Polarisationsapertur mißt im Minimum 30°.

[1] Zeitschr. f. wiss. Mikrosk. 29 (1912), 72.

13. Fünf Irisblenden.

Für Polarisationsmikroskope sind fünf Irisblenden vorgeschlagen worden, die am Instrument in der Reihenfolge von unten nach oben folgendermaßen bezeichnet werden mögen:

I. Irisblende nach BEREK, weit unterhalb des Kondensors,
II. Irisblende des Kondensors, in der Nähe des Kondensors oder zwischen seinen Linsen.
III. Irisblende in der Nähe der AMICIschen Linse,
IV. Irisblende in der oberen Brennebene der AMICIschen Linse,
V. Irisblende nach CZAPSKI im CZAPSKIschen Okular.

M. BEREK stellte sich die Aufgabe[1], bei mikroskopischem und bei teleskopischem Strahlengang je sowohl eine Gesichtsfeld- wie auch eine Aperturblende verwenden zu können. Dabei wird unter Gesichtsfeldblende eine solche verstanden, die ihr letztes (virtuelles) Bild in der deutlichen Sehweite hat, die also das Gesichtsfeld scharf begrenzen und verkleinern kann, während die Aperturblende die einfallenden wirksamen Strahlenbüschel in ihren Öffnungswinkeln (Aperturen) einschränken soll, ohne dabei die Größe des Gesichtsfeldes irgendwie zu beeinflussen.

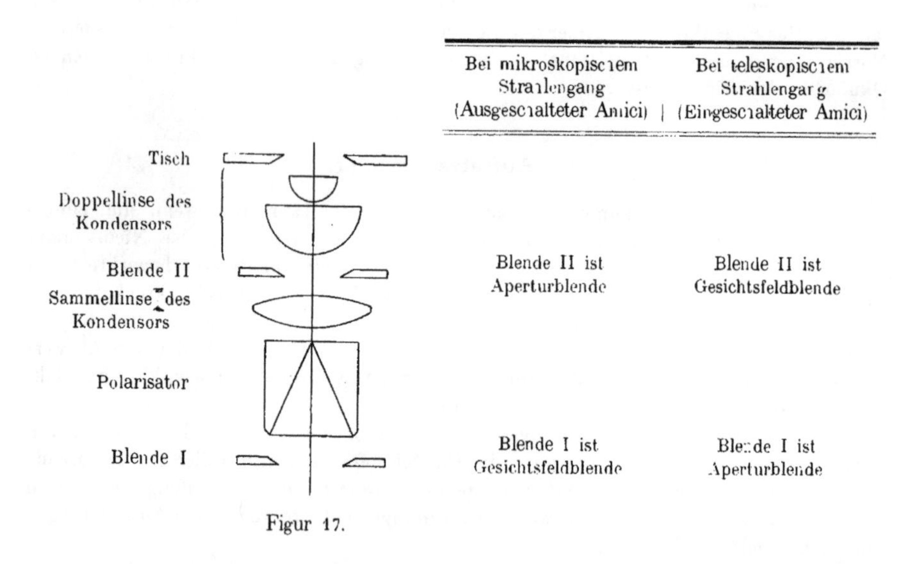

Figur 17.

Um dies zu erreichen, legt BEREK die Blende I ungefähr in die untere Brennebene der großen Sammellinse seines dreiteiligen Kondensors und bringt die Blende II in die untere Brennebene der vereinigten beiden aufsetzbaren Linsen, d. h. zwischen Sammellinse und aufsetzbare Doppellinse des Kondensors. Figur 17 und der zugehörige Text mögen diese Verhältnisse erläutern, während die Figuren 18 und 19 zum weiteren Verständnis dieser und der übrigen Blenden dienen können.

[1] Verh. Ges. D. Naturf. u. Ärzte, 1913. II. 1. Hälfte, 600—601.

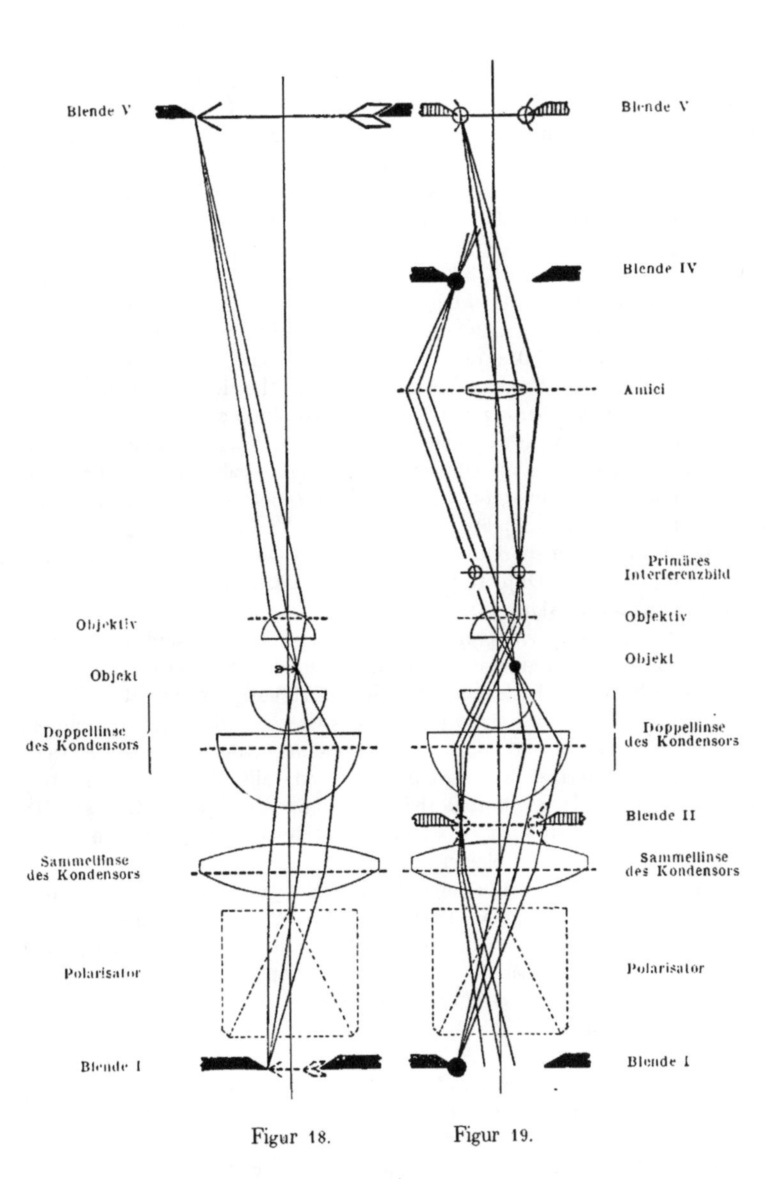

Figur 18. Figur 19.

Figur 18. erläutert die konjungierte Lage von Blende I und V bei mikroskopischem Strahlergang, Figur 19 diejenige von Blende I und IV bei teleskopischem Strahlengang.

Figur 18 soll zeigen, daß bei mikroskopischem Strahlengang die Bereksche und die Czapskische Irisblende, also Blende I und V, zueinander und mit dem Objekt konjugiert sind. Figur 19 deckt derartige Beziehungen bei teleskopischem Strahlengang auf und zwar einerseits zwischen Irisblende des Kondensors und Czapskischer Irisblende, also zwischen II und V, und andererseits zwischen der Berekschen Irisblende und der Blende in der oberen Fokalebene der Amicischen Linse, also zwischen I und IV. Hiernach könnte es scheinen, als ob die Bereksche Blende I einerseits die Czapskische Blende V und andererseits die Blende IV in der oberen Fokalebene des Amici ersetzen würde; in der Praxis liegen aber die Verhältnisse nicht ganz so günstig.

Die Bereksche Irisblende I läßt sich im äußersten Fall so weit zusammenziehen, daß ihr durch den Kondensor in der Objektebene entworfenes Bild einen Kreis von ¼ mm Durchmesser darstellt. Diese „Objektgröße" wird auch von der zusammengezogenen Czapskischen Blende bei 30facher Vergrößerung ausgespart, sodaß also bei dieser schwachen Vergrößerung Bereksche und Czapskische Irisblende etwa gleichwertig sind. Bei stärkerer Vergrößerung steigt aber der Anwendungsbereich der Czapskischen Irisblende ganz außerordentlich schnell. Bei 300facher Vergrößerung behält die Bereksche Irisblende — immer auf die Objektebene bezogen — die gleiche Abblendungsgröße von ¼ mm, nimmt aber nun schon das halbe Gesichtsfeld ein, während die Czapskische Irisblende zehnmal kleinere Objekte, also solche von 25 μ Ausdehnung noch abzublenden erlaubt. Damit sind dann die Dimensionen erreicht, bis zu denen hinunter der Dünnschliff-Mikroskopiker seine Objekte abzublenden in der Lage sein sollte. Abblendungen nur bis auf 250 μ haben wenig praktischen Wert, weil die Gesichtsfelder der stärkeren Objektive überhaupt nicht viel größer oder auch noch kleiner sind, und weil daher die Abblendung schon allein durch die Objektive erfolgt. Das Czapskische Okular kann also wohl die Bereksche Irisblende ersetzen, nicht aber umgekehrt.

In sehr vielen Fällen läßt sich an Stelle des Czapskischen Okulars eine mit einem 2 mm großen Diaphragma versehene Kappe verwenden, die man nach Entfernung des Okulars und nach vorheriger Zentrierung des Objekts über das Tubusende stülpt. Eine derartige Kappe wird seit mindestens 1887, also einige Jahre bevor Czapski (1894) sein Okular beschrieben hat, den Fuessschen Mikroskopen beigegeben und ist zur Beobachtung der Achsenbilder kleiner Objekte nach der v. Lasaulxschen Methode immer noch ein sehr brauchbarer und billiger Ersatz für das Czapskische Okular. Mit einem solchen Diaphragma lassen sich bei Anwendung eines Objektivs von 3 mm Äquivalentbrennweite noch Dünnschliffpartien von 35 μ Durchmesser von ihrer Umgebung optisch isolieren. Jedes Polarisationsmikroskop, das kein Czapskisches Okular besitzt, sollte wenigstens mit dieser so einfachen und praktischen Diaphragmakappe ausgerüstet sein.

Als Aperturblende bei mikroskopischem Strahlengang ist die Irisblende II sehr brauchbar; sie findet vor allem zur Beobachtung der Beckeschen Linie Verwendung und kann in ihrer Wirkung durch Senken des ganzen Beleuchtungsapparates noch verstärkt, ja vielfach auch dadurch ersetzt werden. Als Aperturblende bei teleskopischem Strahlengang kann an Stelle der Berekschen Blende I die in der Nähe der Amicischen Linse liegende (in Figur 19 nicht abgebildete) Blende III gebraucht werden. Die Wirkung dieser Blende scheint mir sogar etwas kräftiger zu sein, was auch bei photographischen Aufnahmen hervortritt. Noch richtiger wird diese Aperturblende III für teleskopischen Strahlengang in die obere Brennebene des Amici, also nach IV in Figur 19 verlegt, wo sie sich auch schon in meinem Achsenwinkelapparat von 1898, der ja einen dem Amicifernrohr vergleichbaren Strahlengang aufweist, befindet und wohin sie auch nach F. E. WRIGHT am besten gehört[1].

Als Gesichtsfeldblende bei teleskopischem Strahlengang hat schließlich die Kondensorblende II keine größere Bedeutung, da man im allgemeinen das Gesichtsfeld des Konoskops nicht verkleinern will, sondern im Gegenteil möglichst groß haben möchte.

Zusammenfassend gelange ich zu dem Ergebnis, daß von den fünf vorgeschlagenen Irisblenden folgende drei von Bedeutung sind:

1. Die Blende II in der Nähe des Kondensors,
2. Die Blende IV in der oberen Brennebene des Amici,
3. Die Blende V nach CZAPSKI.

Ich habe mich daher auf die Anbringung dieser drei Blenden an meinem Mikroskop beschränkt.

Fügt man noch nach G. W. GRABHAM[2] einen Metallstreifen von den Dimensionen der üblichen Gipskeile mit einem 2 mm großen Diaphragma hinzu, mit dem man durch Einführung in den Schlitz am unteren Ende des Tubus enge zentrale und schiefe Beleuchtung erzeugt, so kann man die Beleuchtungsverhältnisse an meinem Mikroskop in sehr weitgehendem Maße abändern.

14. Beobachtung im parallelen Licht (mikroskopischer Strahlengang).

Da es, wie schon auf Seite 7 bemerkt, nicht meine Absicht ist, hier ein Lehrbuch der Mikroskopie zu schreiben, gehe ich nicht auf alle Einzelheiten des mikroskopischen Strahlengangs ein, vielmehr erörtere ich auch in diesem Kapitel nur einige Schwächen unserer bisherigen Konstruktionen und mache Vorschläge zu ihrer Verbesserung.

a) Korrektionslinse des Tubusanalysators.

Bekanntlich wird durch die Einschaltung des Tubusanalysators der Strahlengang gestört und zwar in doppelter Weise. Einerseits erfährt dieser Strahlengang bei dem Durchgang durch den dicken Kalkspatkörper eine recht erhebliche Verlängerung und macht bei Ein- und Ausschaltung des Tubusanalysators eine jedesmalige neue Einstellung des Mikroskops erforderlich. Anderseits ist diese Verlängerung infolge der außerordentlichen Brechung in der eingeschobenen Kalkspatmasse in zwei Azimuten etwas verschieden. Im ersten Fall handelt es sich um das DUC DE CHAULNESsche, im zweiten Fall um das SORBYsche Phänomen.

[1] Zentralbl. f. Min. usw. 1911, 583.
[2] Min. Magaz. 15 (1910), 340.

Der Tubusanalysator sei ein Thompsonsches oder Ahrenssches oder Ritter-Frankscl1es Prisma, dessen Ein- und Austrittsflächen bekanntlich der Prismenzone des Kalkspats parallel laufen. Der dieses Prisma durchsetzende Strahlenkegel erreicht nach den vorliegenden Dimensionen der Objektive und Okulare eine Gesamtapertur von 12⁰ in Luft und von 8⁰ in Kalkspat. Der Brechungsexponent dieser Strahlen im Kalkspat weicht nur unbedeutend von dem ε-Wert ab. Setzen wir $\varepsilon = 1.4864$ und $\omega = 1.6584$, so berechnet sich für Randstrahlen der Brechungsexponent im extremsten Fall zu 1.4871 und zwar im Hauptschnitt des Kalkspats, während in der Ebene senkrecht zum Hauptschnitt die Brechung immer mit ε erfolgt. Für unsere Zwecke dürfen wir annehmen, daß die Brechung im allgemeinen von ε so gut wie nicht abweicht. Man würde aber einen Fehler begehen, wenn man nun weiter annehmen wollte, daß ein planparalleler Kalkspatkörper von der Dicke d und der Lichtbrechung ε den Strahlengang im Mikroskop um das Stück

$$h = d\,\frac{\varepsilon - 1}{\varepsilon}$$

verlängerte, wie dies nach Chaulnes bei einem isotropen Körper von der Dicke d und der Lichtbrechung ε der Fall ist. Vielmehr zeigt sich hier die Erscheinung, die H. C. Sorby 1877 zuerst beobachtete und G. G. Stokes erklärte, und die auch eine ausgezeichnete Darstellung in Th. Liebischs Physikalischer Kristallographie von 1891, S. 361—371, gefunden hat.

Um diese Erscheinung zu studieren, bedarf es übrigens nicht der besonderen Vorrichtung, wie sie den von R. Fuess gebauten größeren Mikroskopen für kristallographische Untersuchungen beigegeben wird; man braucht sich nur eines Objektmikrometers von J. D. Möller in Wedel in Holstein zu bedienen, das ein Quadrat von 2 mm Seite in beiden Richtungen in 20 gleiche Teile geteilt darstellt und das sonst dazu verwendet wird, mikroskopische Bilder auf etwaige Krümmungen oder Verzerrungen zu prüfen. Legt man ein solches Mikrometer unter das Mikroskop und stellt darüber einen Kalkspat mit zwei parallel der Prismenzone polierten Flächen, so sieht man im Mikroskop bei passender Einstellung die verschiedenen Bilder des Gitters; eine Trennung der verschiedenen Linien des Gitters mit Hilfe eines über dem Okular aufgesetzten Analysators ist nicht erforderlich. Man orientiert den Kalkspat über dem Gitter so, daß sein Hauptschnitt parallel zu dem einen Liniensystem und senkrecht zu dem andern verläuft, und sieht dann bei einer mittleren Tubusstellung beide Liniensysteme gleichzeitig, also das ganze Kreuzgitter scharf. Von dieser Tubusmittellage aus gerechnet, erscheinen bei Senkung des Tubus die im Hauptschnitt des Kalkspats liegenden Linien scharf, während bei Hebung des Tubus die senkrecht zum Hauptschnitt liegenden Linien scharf gesehen werden. Um diese Erscheinung bei den verschiedenen Einstellungen deutlich wahrzunehmen, muß man den Hauptschnitt des Kalkspats gut zu den Kreuzlinien orientieren, was übrigens schon mit freier Hand leicht ausführbar ist.

Nimmt man nun an Stelle des mit Prismenflächen versehenen Kalkspats ein Thompsonsches oder Ahrenssches oder Ritter-Franksches Polarisationsprisma, so fällt das Bild mittlerer Stellung fort, da ja die ω-Wellen durch Totalreflexion beseitigt werden, und es treten nur noch die beiden andern Bilder auf. Man kann diese Beobachtung mit jedem Aufsatzanalysator auch in seiner Fassung anstellen und braucht das MÖLLERsche quadrierte Gitter nicht unmittelbar unter das Polarisationsprisma zu legen; man kann also einen solchen Analysator mit der Fassung über das Gitter stellen und die Erscheinung doch sehr deutlich beobachten.

Die beiden CHAULNES-SORBYschen Bildhebungen h_ε und $h_{\varepsilon'}$ berechnen sich nach folgenden Formeln:

Für Linien im Hauptschnitt ist

$$h_\varepsilon = d\,\frac{\varepsilon - 1}{\varepsilon},$$

für Linien senkrecht zum Hauptschnitt ist

$$h_{\varepsilon'} = d\,\frac{\omega^2 - \varepsilon}{\omega^2}.$$

Bei meinem Tubusanalysator von 24 mm Dicke berechnet sich h_ε zu 7.854 mm und $h_{\varepsilon'}$ zu 11.031 mm, während meine Beobachtungen 7.9 mm und 11.0 mm ergaben.

Die Hebungen oder Strahlenverlängerungen kann man auch in der am Mikroskop auftretenden Form experimentell feststellen, wenn man den Tubusanalysator in seiner üblichen Stellung läßt, also zwischen Objektiv und Okular einschaltet, und dann die Strahlenverlängerung durch Hebung des Okulars messend verfolgt. Diese Messung geschah mit einem RAMSDENschen Okular, dessen Fadenkreuz unmittelbar von den aus dem Analysator austretenden Strahlen getroffen wird. Die Hebung des Okulars läßt sich an dem Amicirohr (s. o. S. 16) bequemer als an dem Okularrohr ermitteln, weil ersteres durch einen Trieb, letzteres nur freihändig zu bewegen ist. Ich fand nach Einschaltung des Analysators von 24 mm Dicke und bei unveränderter Lage des Objektivs gegen das Objekt eine Hinaufbewegung des Bildes von fast 8 mm bzw. 11 mm, also Werte, die wieder mit der Theorie gut übereinstimmen.

Eine sehr eingehende Untersuchung über diese Störungen verdanken wir S. BECHER, der sich besonders gründlich mit dem durch das SORBYsche Phänomen hervorgerufenen Astigmatismus beschäftigte und Vorschläge zu seiner Beseitigung machte[1]. Man müßte hiernach den Strahlengang in unseren Mikroskopen überhaupt etwas anders einrichten und die Objekte genau in die vordere (äußere) Brennebene der Objektive bringen, sodaß die Strahlen von jedem Objektpunkt diesseits des Objektivs parallel verliefen und durch ein Okular aufgefangen würden, das einem auf Unendlichkeit eingestellten Fernrohr entspräche. Die aus dem Objektiv austretenden zu einem Objektpunkt gehörenden Strahlen würden dann den Tubusanalysator nicht in Form von Büscheln, sondern als parallele Strahlen in Form von Bündeln durchsetzen. Bei solcher Anordnung der Strahlen

[1] Über den Astigmatismus des Nicols und seine Beseitigung im Polarisationsmikroskop. Ann. Phys. 4 (47). 1915. 285—364. — Patentschrift Nr. 286 804. Klasse 42h. Gruppe 14. 22. März 1914. Polarisationsmikroskop.

bleibt das Chaulnes-Sorbysche Phänomen aus, wovon man sich leicht überzeugen kann, wenn man ein Huyghenssches Okular so abändert, daß die Kollektivlinse etwas näher an das Fadenkreuz heranrückt und nur um ihre Brennweite von diesem Fadenkreuz absteht, wenn man also aus dem Okular ein kleines Fernrohr macht. Ganz gut eignet sich zu diesem Versuch das Okular, das J. Koenigsberger bei der Beobachtung der Savartschen Streifen verwendet[1]. Man sieht dann, daß die Bilder, die man ohne eingeschalteten Tubusanalysator scharf eingestellt hat, auch nach Einschiebung des Analysators scharf bleiben, daß es also keiner so lästigen jedesmaligen Neueinstellung bedarf.

Diese neue für unsere Polarisationsmikroskope sehr zweckmäßige Anordnung des Strahlengangs würde nun aber für gute Abbildungen eine vollständige Umrechnung und Neukonstruktion der Objektive und Okulare verlangen, die eigentlich gleich bei dem allerersten Instrument mit Tubusanalysator hätte vorgenommen werden sollen, die aber unter den jetzigen Verhältnissen nicht einzuführen ist. Wir wollen es also bei den bisherigen Konstruktionen und ihrem Strahlengang bewenden lassen und zusehen, wie man zwar nicht die Sorbysche astigmatische Brechung, wohl aber die Chaulnessche Verlängerung des Strahlengangs zwischen Objektiv und Okular wenigstens einigermaßen beseitigen kann. Die astigmatischen Störungen sind bei mineralogisch-petrographischen Untersuchungen übrigens auch vielfach nicht von der Bedeutung wie bei biologischen Arbeiten, weil unsere Objekte nicht jenen Grad der Feinheit und unsere Vergrößerungen auch für gewöhnlich nicht ein solches Maß erreichen, daß jener Astigmatismus besonders hervorträte. Dagegen bleibt die Chaulnessche Strahlenverlängerung besonders bei den von uns so oft gebrauchten schwachen Vergrößerungen eine recht lästige Erscheinung, die man dadurch abzuschwächen sucht, daß man eine sehr schwache bikonvexe Linse, also eine solche von sehr großer Brennweite, über den Tubusanalysator bringt und mit diesem gleichzeitig ein- und ausschaltet. Hierbei scheint man bis jetzt rein empirisch vorgegangen zu sein, sodaß eine theoretische Erörterung, die die Korrektur doch in etwas sicherere Bahnen lenkt, wohl manchem erwünscht sein wird. In der schematischen Figur 20 befinde sich das Objekt in o und sein Bild bei leerem Tubus, also bei ausgeschaltetem Tubusanalysator, in o_1, während es bei eingeschaltetem Analysator nach o_2 rückt, sodaß der Abstand $o_1 o_2$ den Wert h_ε oder $h_{\varepsilon'}$ erreicht. Dieses Bild in o_2 muß nun durch die Korrektionslinse nach o_1 zurückverlegt werden, wenn anders bei aus- und eingeschaltetem Analysator und bei konstanter Lage des Objektivs zum Objekt dieselbe Bildschärfe erreicht werden soll.

Die Brennweite der Korrektionslinse sei f, ihr Abstand von o_1 sei s, dann ist nach der Linsenformel

$$-\frac{1}{s+h}+\frac{1}{s}=\frac{1}{f}\,, \quad \text{oder}$$

$$f=\frac{s\,(s+h)}{h}\,.$$

Da nun an meinem Instrument $s = 119$ mm ist, so berechnen sich für die Chaulnes-Sorbyschen Verschiebungen von $h_\varepsilon = 7.854$ mm und $h_{\varepsilon'} = 11.031$ mm die Brennweiten der Korrektionslinse zu

[1] Zentralblatt f. Min. usw. 1908, 565—566.

$$f_\varepsilon = \frac{s\,(s + h_\varepsilon)}{h_\varepsilon} = 192 \text{ cm},$$

$$f_{\varepsilon'} = \frac{s\,(s + h_{\varepsilon'})}{h_{\varepsilon'}} = 140 \text{ cm}.$$

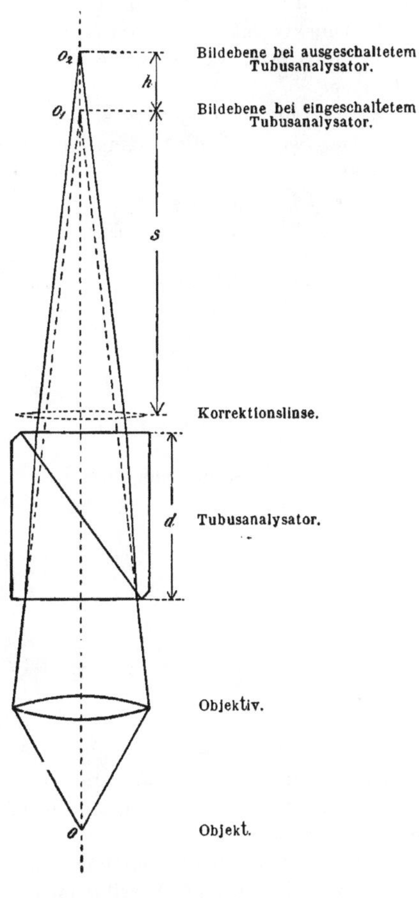

Figur 20.

Wählt man unter den Brillengläsern, die die Optiker und Mechaniker im Abstand von viertel Dioptrien auf Lager zu halten pflegen, die diesen Brennweiten am nächsten stehenden Nummern, so kommen hier solche von $\frac{1}{2}$ und von $\frac{3}{4}$ Dioptrien oder von 2 m und $1\frac{1}{3}$ m Brennweite in Frage. Ich habe versuchsweise Linsen verwendet, die nach eigenen Bestimmungen 196 cm und 128 cm Brennweite maßen (und also 0.51 und 0.78 Dioptrien hatten). Nach abwechselndem Einsetzen dieser Linsen untersuchte ich nun die Kompensation, die bei den verschiedenen Objektiven erfolgte und zwar auf Grund folgender Überlegungen. Es sei

F	die Äquivalentbrennweite der Objektive,
H_1H_2	der Abstand der Hauptebenen der Objektive,
$A + H_1H_2 + B$	die Gegenstandsweite + Hauptebenenabstand + Bildweite oder Abstand des Objekts auf dem Mikroskoptisch vom Fadenkreuz im Okular, das der Einfachheit wegen als RAMSDENsches Okular angenommen werden möge.

Aus diesen der Beobachtung zugänglichen Werten kann man Gegenstandsweite und Bildweite berechnen. Setzen wir noch die Summe beider gleich L, so stehen uns an Gleichungen zur Verfügung:

$$\frac{1}{A} + \frac{1}{B} = \frac{1}{F},$$

$$A + B = L,$$

woraus folgt

$$A = \frac{L}{2} \pm \sqrt{\frac{L^2}{4} - LF}, \tag{1}$$

$$B = L - A. \tag{2}$$

Verlängert sich nun B um $h_\varepsilon = 7.854$ mm, oder um $h_{\varepsilon'} = 11.031$ mm, so verkürzt sich A um a_ε oder $a_{\varepsilon'}$ nach den Formeln

$$\frac{1}{A - a_\varepsilon} + \frac{1}{B + h_\varepsilon} = \frac{1}{F}, \qquad \frac{1}{A - a_{\varepsilon'}} + \frac{1}{B + h_{\varepsilon'}} = \frac{1}{F},$$

woraus folgt

$$a_\varepsilon = A - \frac{B\,(B + h_\varepsilon)\,F}{B + h_\varepsilon - F}, \qquad a_{\varepsilon'} = A - \frac{B\,(B + h_{\varepsilon'})\,F}{B + h_{\varepsilon'} - F}. \tag{3}$$

a_ε und $a_{\varepsilon'}$ sind die theoretischen Werte der Tubusverschiebungen bei den verschiedenen Objektiven, also bei verschiedenen Mikroskopvergrößerungen. Die einzeln nach den Formeln (1), (2) und (3) berechneten Werte stehen auf der nächsten Seite in der oberen Tabelle, wo alle Maße in Millimetern angegeben sind[1].

Die beobachteten Tubusverschiebungen stimmen mit den berechneten Werten a_ε und $a_{\varepsilon'}$ gut überein, brauchen hier aber nicht weiter mitgeteilt zu werden. Es sei nur bemerkt, daß sie bei den schwächsten Vergrößerungen bis zu 30 μ abweichen, was mit der Unmöglichkeit einer genaueren Einstellung zusammenhängt, und daß sie bei den stärkeren und stärksten Vergrößerungen nur um 1 bis 2 μ abweichen. Dabei wurde gefunden,

[1] Die z. T. übermäßig genau erscheinenden Maßangaben sind für Rechnungskontrollen erforderlich.

1	2	3	4	5	6	7
Äquivalent-brennweite d. Objektive F	Abstand der Hauptebenen d. Objektive $H_1 H_2$	Abstand von Objekt u. Okularfadenkreuz $A + H_1 H_2 + B$	Gegenstandsweite A	Bildweite B	berechn. Tubusverschiebung für $h_\varepsilon = 7.854$ a_ε	berechn. Tubusverschiebung für $h_{\varepsilon'} = 11.031$ $a_{\varepsilon'}$
39.6	+0.4	242	49.911	191.689	0.507	0.697
21.3	−1.3	223	23.831	200.469	0.105	0.146
13.2	−6.3	200	14.174	192.126	0.041	0.057
8.6	−1.2	199	9.005	191.195	0.017	0.023
4.6	+0.4	200	4.711	194.889	0.004	0.006
3.0	+1.0	198	3.047	193.953	0.002	0.002

daß die Scharfeinstellung am einheitlichsten geschieht, wenn man bei den schwachen Vergrößerungen auf das Verschwinden der Parallaxe, also auf die ruhige Lage von Bild und Fadenkreuz bei Augenbewegung achtet, und wenn man bei den stärkeren Vergrößerungen vorzugsweise auf die Deutlichkeit der Bilder seine Aufmerksamkeit lenkt.

Wie weit gelingt es nun, diese Tubusverschiebungen a_ε und $a_{\varepsilon'}$ durch die zur Verfügung stehenden Linsen von 196 cm und 128 cm Brennweite zu beseitigen?

Nach abwechselnder Einsetzung dieser Linsen über dem Analysator beobachtete ich die Tubusverschiebungen a_1, $\bar{a}_1$, a_2, $\bar{a}_2$, die also bei Aus- und Einschaltung des mit Korrektionslinse versehenen Analysators zur Scharfeinstellung der Objekte nötig waren. Die Zahlenwerte sind in der nachfolgenden Tabelle bei Hebung des Tubus positiv, bei Senkung negativ angegeben. Die Werte a_1 und $\dot{a}_2$ beziehen sich auf Scharfeinstellung sagittaler Linien, $\bar{a}_1$ und $\bar{a}_2$ auf Scharfeinstellung frontaler Linien. Alle diese Einstellungen wurden bei Na-Licht ausgeführt; die nicht näher bezeichneten Werte bedeuten wieder Millimeter.

Objektiv-Brennweite	Korrektionslinse mit der Brennweite			
	196 cm		128 cm	
F	$\dot{a}_1$	$\bar{a}_1$	$\dot{a}_2$	$\bar{a}_2$
39.6	+0.036	+0.225	−0.293	−0.062
21.3	+0.006	+0.044	−0.057	−0.012
13.2	+0.005	+0.016	−0.019	−0.002
8.6	+½ μ	+0.008	−0.008	0.000
4.6	0.000	+0.001	−0.001	0.000
3.0	0.000	+½ μ	−0.001	0.000

Die Wahl zwischen den beiden Linsen fällt hier zugunsten der 196 cm-Linse aus, deren Brennweite auch dem Mittelwert der theoretischen Linsen von 192 cm und 140 cm also von 166 cm Brennweite näher liegt als die andere Linse von 128 cm Brennweite. Jedenfalls kompensiert diese Korrektionslinse von 196 cm Brennweite den Strahlengang besser als man das sonst recht häufig bei Polarisationsmikroskopen mit Tubusanalysator, insbesondere von dieser Dicke, zu beobachten gewohnt ist.

Es mögen schließlich noch für eine Reihe von THOMPSONschen Tubusanalysatoren anderer Dicke und für verschiedene Abstände dieser Analysatoren von dem Okularfadenkreuz die passendsten Brennweiten der Korrektionslinsen mitgeteilt werden. Die nötigen Formeln sind nach den vorangegangenen Erörterungen wieder

$$f_\varepsilon = \frac{s\,(s + h_\varepsilon)}{h_\varepsilon}, \qquad f_{\varepsilon'} = \frac{s\,(s + h_{\varepsilon'})}{h_{\varepsilon'}},$$

wo

$$h_\varepsilon = d\,\frac{\varepsilon - 1}{\varepsilon}, \qquad h_{\varepsilon'} = d\,\frac{\omega^2 - \varepsilon}{\omega^2}.$$

Abstand der Korrektionslinse vom Okular	Brennweite der Korrektionslinse	Dicke des Tubusanalysators d			
		12 mm	16 mm	20 mm	24 mm
s = 80 mm	f_ε	171 cm	130 cm	106 cm	90 cm
	$f_{\varepsilon'}$	124 ,,	95 ,,	78 ,,	66 ,,
	Mittelwert	148 ,,	113 ,,	92 ,,	78 ,,
s = 100 mm	f_ε	265 cm	201 cm	163 cm	137 cm
	$f_{\varepsilon'}$	191 ,,	146 ,,	119 ,,	101 ,,
	Mittelwert	228 ,,	174 ,,	141 ,,	119 ,,
s = 120 mm	f_ε	379 cm	294 cm	232 cm	195 cm
	$f_{\varepsilon'}$	273 ,,	166 ,,	169 ,,	143 ,,
	Mittelwert	326 ,,	230 ,,	201 ,,	169 ,,
s = 140 mm	f_ε	513 cm	388 cm	314 cm	264 cm
	$f_{\varepsilon'}$	369 ,,	281 ,,	227 ,,	192 ,
	Mittelwert	441 ,	335 ,,	271 ,,	223 ,,

Aus dem Verlauf der Werte f_ε und $f_{\varepsilon'}$ oder auch der Mittelwerte $\frac{1}{2}(f_\varepsilon + f_{\varepsilon'})$ erkennt man den Einfluß des Abstandes der Korrektionslinse vom Okular. Aus dieser Tabelle kann man auch die Lehre ziehen, daß die für eine bestimmte Tubuslänge, also für einen bestimmten Abstand von Objektiv und Okular berechnete Linse von mittlerer Brennweite für andere Tubuslängen nicht mehr paßt und daß man überhaupt keine allzustrengen Forderungen an den Ausgleich durch diese Korrektionslinsen stellen darf.

b) Auswahl passender Objektive und Okulare.

Solange wir an dem bisherigen Prinzip des mikroskopischen Strahlengangs festhalten und nicht die auf Seite 33—34 berührte Änderung einführen, ist an diesem Strahlengang nichts zu verbessern, was nicht schon von berufenerer Seite und seit dem Vorgang von ERNST ABBE mit größtem Erfolg ausgeführt und auch beschrieben worden wäre. Ich brauche daher hierauf nicht näher einzugehen, will mich vielmehr darauf beschränken, unter den Objektiven und Okularen diejenigen auszuwählen, die den Wünschen der Mineralogen und Petrographen bei weitgehenden Forderungen an Güte, Ebenheit und Größe der Bilder am besten entsprechen. Hierzu stand mir ein sehr reiches Material an Achromaten, Fluoritsystemen und Apochromaten, sowie an Huyghensschen, komplanatischen und kompensierenden Okularen verschiedener Firmen zur Verfügung. Insbesondere habe ich meine Aufmerksamkeit auf die Winkelschen und Zeissschen Fabrikate gerichtet und dabei untersucht, ob nicht die so vorzüglichen aber auch so außerordentlich kostbaren Apochromate durch andere billigere aber doch strengen Ansprüchen genügend entsprechende Systeme ersetzt werden können.

Bei meiner Auswahl von Objektiven und Okularen habe ich auf gute Abbildungen und auf möglichst ebene Bilder auch bei schwachen Vergrößerungen geachtet, weil gerade bei diesen ein Mangel in der klaren Übersicht des Feldes und ein fortwährender Zwang der Neueinstellung auf Mitte und Rand am meisten stört. Unter diesen Gesichtspunkten kann ich die Bestrebungen einiger Fabrikanten nicht so sehr unterstützen, die die objektiven Sehfelder dadurch erheblich vergrößern, daß sie die Okulare viel breiter ausbauen als dies früher üblich war. Der Vorteil dieser „Okulare mit erweitertem Gesichtsfeld" erscheint mir ziemlich illusorisch, weil die Güte der Bilder in Mitte und Rand nach dem Stand unserer heutigen Linsenoptik notwendig leiden muß, und weil das Auge bei seiner nahen Lage über dem Okular auch gar nicht so viel, wie vom Okular dargeboten wird, auf einmal aufmerksam zu übersehen vermag.

Als Objekte zur Prüfung der Bilder auf Ebenheit und Güte habe ich zweierlei mikrophotographische Skalen von J. D. Möller benutzt. Die eine schon oben Seite 27 bei den Okularen erwähnte Skala zeigt 10 Millimeter in 100 Teile, eine andere 2 Millimeter in 200 Teile geteilt. Die feine Körnelung der schwarzen Striche dieser Diapositive eignet sich recht gut zu solchen Untersuchungen, wenigstens innerhalb der Vergrößerungen, wie sie hier meistens in Betracht kommen; sonst behält die bekannte Abbesche Testplatte der Firma Zeiss ihre unzweifelhaften Vorzüge.

Ich beginne mit den schwächsten Objektiven, von denen mir folgende vier Kombinationen einer vergleichenden Untersuchung besonders wert scheinen:

Apochromat	Winkel	40 mm,	kombiniert mit	kompensierenden	Okularen
Achromat 0	Fueß	32 mm,	„ „	Huyghensschen	„ .
Achromat a_2	Zeiß	37 mm,	„ „	„	
Achromat 0	Winkel	40 mm,	„ „	komplanatischen	„ .

Die ebensten Bilder erhält man mit dem zuletzt genannten achromatischen Winkelschen Objektiv 0 von 40 mm, wenn man es mit komplanatischen Okularen kombiniert. Die Bemerkung, die R. Winkel in seinem Katalog von 1910 und einem neueren Katalog Nr. 52 über die Verwendung dieser komplanatischen Okulare bei schwachen und mittleren Achromaten macht, kann ich also durchaus bestätigen. Die Bilder zeigen in der Tat eine noch geringere Bildwölbung als bei Verwendung der gewöhnlichen Huyghensschen Okulare. Die andern drei Kombinationen geben ganz schwach gewölbte Bilder, sodaß man also die mittleren Partien des Gesichtsfeldes immer etwas anders als die randlichen Teile einstellen muß. Am wenigsten gewölbt von diesen dreien dürfte die Zeisssche Kombination sein. Fast von der gleichen Güte ist die Winkelsche, und etwas unvollkommener die Fuess sche Kombination. Bei dieser letzteren kann man aber den Rand überhaupt nicht mehr scharf einstellen, während dies bei den andern bei jedesmaliger Neueinstellung noch recht gut gelingt. Zur deutlichen Erkennung der Wölbung wähle man starke Okulare, z. B. bei dem Apochromat Winkel 40 mm das Kompensationsokular Nr. 5, und bei dem Achromat a_2 Zeiss 37 mm das Huyghenssche Okular Nr. 4; dann hat man auch ungefähr die gleichen Vergrößerungen. Der Unterschied in der Bildwölbung ist übrigens bei allen drei zuerst genannten Kombinationen außerordentlich gering. In der Farblosigkeit der Bilder ist die Winkelsche Kombination — Apochromat 40 mm und Kompensationsokulare — unbedingt vorzuziehen, was ja nicht weiter wundernehmen kann, da wir hier ein Apochromat mit Achromaten vergleichen. Ein Zeisssches Apochromat ließ sich nicht zum Vergleich heranziehen, weil die Firma Zeiss solche schwachen Apochromate von 40 mm Brennweite bis jetzt nicht herstellt. Ein Leitzsches Apochromatobjektiv Nr. 1 von 40 mm gibt mit Huyghensschen Okularen mit erweitertem Gesichtsfeld Bilder, die den Winkelschen sehr nahe kommen, wenn man die übertriebene Vergrößerung des Gesichtsfeldes in Abzug bringt. Wie weit dies von sonstigen Fabrikaten anderer Firmen gilt, habe ich nicht untersuchen können; jedenfalls soll in der Nichterwähnung anderer Firmen keine Kritik enthalten sein.

Als zweite Vergleichsserie wähle ich Objektive von 13 bis 17 mm Äquivalentbrennweite, kombiniert mit den für sie konstruierten Okularen, und zwar:

Fluoritsystem	Winkel	13 mm,	kombiniert	mit	kompensierenden Okularen
Apochromat	Zeiß	16 mm,	,,	,,	,, ,,
Achromat A	Zeiß	15 mm	,,	,,	Huyghensschen ,,
Achromat 3a	Leitz	13 mm,	,,	,,	,,
Achromat 3	Fueß	17 mm,	,,	,,	,, ,, .

Ein geübtes Auge wird die ersten beiden Objektive mit ihren zugehörigen Okularen den andern vorziehen. Die Bilder sind in beiden Fällen nahezu wenn auch nicht mathematisch genau eben, lassen sich aber für mittlere und für randliche Teile des Gesichtsfeldes bei kleiner Bewegung der Mikrometerschraube scharf erhalten. Ein Qualitätsunterschied hat sich bei Verwendung unserer petrographischen Objekte nicht mit Sicherheit feststellen lassen, daher wird das billigere Fluoritsystem Winkel 13 mm vorzuziehen sein.

In ähnlicher Weise wie bei den vorangegangenen Serien wurden nun auch verschiedene Objektive von je 8, 5 und 3 mm Brennweite sorgfältig verglichen. Auch hier hat sich gezeigt, daß man bei starken Anforderungen an die Güte und an die Ebenheit der Bilder die Winkelschen Fluoritsysteme in Kombination mit Kompensationsokularen den Apochromaten gleichstellen und unter Berücksichtigung der Anschaffungskosten ihnen vorziehen darf.

Um nun bei dem schwächsten Objektiv kein komplanatisches Okular anwenden zu müssen, das zwar mit dem schwächsten Objektiv so ausgezeichnete Bilder gibt, das aber zu den übrigen Objektiven nicht paßt, wähle ich aus der ersten Serie an Stelle des Achromats 0 Winkel von 40 mm das Apochromat Winkel von 40 mm. Dieses schwache Objektiv ist wie die andern bevorzugten Objektive für Kompensationsokulare konstruiert und gibt unter Berücksichtigung aller Eigenschaften, also der Ebenheit, der Bildschärfe und der Farblosigkeit, ebenfalls vorzügliche Bilder. Auch schiebe ich zwischen die Objektive von 40 mm und 13 mm noch ein Winkelsches Apochromat von 25 mm ein, und komme damit schließlich zu folgender Serie von Objektiven:

Objektive		Äquivalentbrennweite in mm	Numerische Apertur U = sin E	Übersehbarer Achsenwinkel 2 E
Apochromat	Winkel	40	0.11	13°
,,	,,	25	0.22	25°
Fluoritsystem	,,	13	0.38	45°
,,	,,	8.5	0.60	74°
,,	,,	4.5	0.85	116°
,,	,,	3	0.90	128°

Die zugehörigen Kompensationsokulare werden in sechs verschiedenen Größen mit den ungefähren Eigenvergrößerungen $3\frac{1}{2}$, $4\frac{1}{2}$, $5\frac{1}{2}$, 7, 9, 12 angefertigt.

Meine anfänglichen Bedenken gegen die Fluoritsysteme wegen der etwaigen depolarisierenden Wirkung der diesen Objektiven eingefügten Flußspatlinsen haben sich als hinfällig erwiesen. Ich konnte wenigstens an den mir jetzt zur Verfügung stehenden Exemplaren keine Störung wahrnehmen, erinnere mich indessen aus früheren Jahren, Apochromate, also auch Flußspat enthaltende Objektive — ich weiß nicht mehr von welcher Firma — gesehen zu haben, bei denen gewisse Trübungen und depolarisierende Wirkungen auf Verunreinigungen des Flußspats zurückzuführen waren. Die Fabrikanten haben offenbar mit den Jahren gelernt, nur solchen Flußspat zu verwenden, der die genügende Reinheit besitzt.

15. Beobachtung im konvergenten Licht. (Teleskopischer Strahlengang).

Nicht so günstig wie für die Beobachtung im parallelen Licht, liegen die Verhältnisse bei der Apparatur für die Beobachtung im konvergenten Licht, was übrigens ganz natürlich ist, da an der dortigen Entwicklung der Objektive und Okulare die ganze Schar der medizinischen und biologischen Naturforscher, hier aber doch eigentlich nur die kleine Zahl der Mineralogen und Petrographen interessiert ist. Es erscheint daher begreiflich, daß die Linsensysteme zur Beobachtung der Interferenzbilder lange nicht so weit durchkonstruiert sind wie die eigentlichen Mikroskopobjektive, und daß man sich fast immer darauf beschränkt, die letzteren zu Achsenwinkelmessungen heranzuziehen, ohne über ihre hier in Betracht kommenden Eigenschaften so gründlich wie bei der mikroskopischen Bilderzeugung orientiert zu sein. Es wird daher, nach dem ganzen Plan meiner Untersuchung, auf diese Verhältnisse bei der Beobachtung im konvergenten Licht und auf ihre Apparatur etwas näher einzugehen sein.

a) Bisherige Objektive zur Beobachtung der Achsenbilder.

Der Winkelbereich der Beobachtung im konvergenten Licht hängt von der numerischen Apertur der Objektive und Kondensoren und von der Dicke der Präparate ab. Die Apertur beträgt bei den verbreitetsten stärkeren Trockensystemen zwischen 3 mm und 5 mm Äquivalentbrennweite bekanntlich meistens 0.85 und steigt bei manchen Konstruktionen auf 0.90 oder gar auf 0.95. Man kann also hiermit in nicht zu dicken Präparaten Achsenwinkel in Luft von 116°, 128° und 144° überblicken, vorausgesetzt, daß die Systeme auch wirklich das halten, was die Fabrikanten von ihnen versprechen. Dies ist nun freilich nicht immer der Fall, da es nur sehr geringer Versehen in den Fassungen der Linsen bedarf, um merklichen Verringerungen der Aperturen, besonders bei den größeren Werten, zu begegnen. Man kann aber für solche größeren Aperturen von 0.90 und 0.95 recht bequem die verschiedenen Immersionssysteme und zwar als Trockensysteme, also ohne Immersionsflüssigkeiten, benutzen. Dazu eignen sich in gleicher Weise die Wasserimmersionen, die homogenen Immersionen und die weiter unten beschriebenen Awi-Systeme. Mit solchen als Trockensysteme benutzten Immersionssystemen gelangt man theoretisch bis zu einer numerischen Apertur $U = \sin u = 1.00$ und praktisch bis zu einem Wert 0.97, sodaß man noch Achsenwinkel in Luft bis zu $2E = 152^0$ in das Gesichtsfeld bringen kann.

Bei größeren Winkeln bedarf es der Immersionssysteme unter Verwendung von Immersionsflüssigkeiten zwischen Kondensor und Objekt einerseits, Objekt und Objektiv anderseits. Es kommen hier die Systeme in Frage, die als Wasserimmersionen mit den numerischen Aperturen 1.09 bis 1.25, oder als homogene Immersionen mit den numerischen Aperturen 1.30 bis 1.35, oder als Apochromate mit den numerischen Aperturen 1.30 bis 1.40 hergestellt werden. Diese Objektive sind vielfach sehr kostbar und alle sehr zart gebaut, wobei ihre spezifischen Qualitäten, nämlich die exakten Bilderzeugungen, hier gar nicht besonders zur Verwendung kommen. Aus diesem Grunde sind einfachere und derbere zum Teil nur aus 3 Linsen bestehende Systeme konstruiert worden, wie z. B. das in mineralogischen Kreisen etwas verbreitetere von R. Fuess schon 1885 zur Beobachtung von Achsenbildern eingeführte Objektiv von hoher Apertur. Dieses System hat zuerst Th. Liebisch bei seiner Untersuchung über Absorptionsbüschel pleochroitischer Kristalle benutzt[1] und die numerische Apertur sowohl mit dem Abbeschen Apertometer als auch durch Beobachtung eines Anhydrit-Achsenpräparats über der stumpfen Bisektrix (num. Apert. $= \beta \cdot \cos V = 1.4618$) festgestellt. Ein solches Fabrikat scheint aber nur in den 80er und 90er Jahren hergestellt worden zu sein. Spätere Ausführungen zeigen jedenfalls eine nicht unwesentlich kleinere Apertur, wie denn auch nach dem Fuessschen Katalog Nr. 132 von 1908 (S. 68) und Nr. 180 von 1914 (S. 82) diese numerische Apertur nur 1.40 erreichen soll, obgleich hierbei auf eine Leissche Publikation von 1899 verwiesen wird[2], die noch die große Apertur von 1.47 angibt. Der Widerspruch war nur durch Untersuchung von Fabrikaten aus verschiedenen Zeiten zu lösen. Dank dem freundlichen Entgegenkommen der Firma R. Fuess, sowie des Herrn Kollegen Mügge in Göttingen, habe ich zunächst die Richtigkeit der Liebischschen Angabe über das Fabrikat von 1885 bestätigen können. Das Göttinger Original-Immersionssystem aus dieser Zeit besitzt in der Tat die numerische Apertur 1.47. Der zugehörige Kondensor ist allerdings nicht mehr vollständig, sondern nur noch in den beiden unteren Linsen, also ohne Frontlinse, vorhanden; ich habe mich aber eines neuen Kondensors von noch höherer Apertur bedient, dessen Beschreibung unten folgt.

Das jetzige Fuesssche Fabrikat, ich will es wie die Firma mit FO (Flint-Objektiv) und zwar FO 1917 bezeichnen, hat nun aber in der Tat eine kleinere Apertur, die der neuen Katalogangabe entspricht oder sie doch nur um weniges übertrifft. Ich maß hier die numerische Apertur 1.42. Ferner konnte ich drei Fabrikate aus der Zwischenzeit prüfen, die äußerlich eine große Ähnlichkeit sowohl mit dem Fabrikat von 1885 wie mit dem modernen Erzeugnis besitzen. Das eine ist schon seit etwa 1888 in meinem

[1] Nachr. Kgl. Ges. Wiss. Göttingen, 1888, 202.

[2] Die optischen Instrumente der Firma R. Fueß, Leipzig 1899, 213.

Besitz, und die beiden andern wurden 1893 und 1896 für das hiesige Mineralogische Institut angeschafft. Sie sind alle drei in der numerischen Apertur dem alten Göttinger System gleichwertig. Die Glassorten dieser fünf FUESSschen Fabrikate von 1885, 1888, 1893, 1896 und 1917 — die übrigens nicht notwendig in diesen Jahren hergestellt sein müssen — sind etwas verschieden. Die älteren Konstruktionen bestehen aus tiefer gefärbten Gläsern als die neueren. Die Lichtbrechung der Frontlinsen ist bei allen größer als 1.7696; wenigstens habe ich mit einem Totalreflektometer, dessen Halbkugel den Brechungsexponenten 1.7944 hat, bei optischem Kontakt mit Jodmethylen-Schwefel (n = 1.7696) keine Grenze beobachten können. Die Äquivalentbrennweite ist ebenfalls etwas verschieden; sie liegt bei jenen vier älteren Systemen zwischen 2.0 bis 2.2 mm und erreicht bei dem jüngsten Fabrikat 2.9 mm.

In der Literatur und in den Verzeichnissen einschlägiger optischer Werkstätten sind noch andere Systeme zur Beobachtung im stark konvergenten Licht angegeben. So teilt E. BERTRAND mit[1], daß er ein System konstruiert habe, mit dem er noch den stumpfen Achsenwinkel des Skolezits überblicken könne. Da hier 2V etwa 34° und β etwa 1.502 mißt, so besaß dieses System mindestens die numerische Apertur 1.44 (num. Apert. $= \beta \cdot \cos V = 1.502 \cdot \cos 17^0$). Dankenswerterweise gibt BERTRAND die Hauptdimensionen der Linsen sowohl des Objektivs wie des zugehörigen Kondensors an. Für Platten von $\frac{1}{4}$ bis $\frac{1}{2}$ mm Dicke verwendet er ein Objektiv, dessen drei einfache Linsen sich fast berühren und die alle drei aus Glas vom Brechungsexponenten 1.773 bestehen. Die Frontlinie ist halbkugelig und hat einen Radius von 1.5 mm. Die zweite Linse hat 3 mm Dicke und 5 mm Radius, die dritte Linse hat 2 mm Dicke und 12 mm Radius. Da hier nur von je einem Radius die Rede ist, wird es sich wohl um plankonvexe Linsen gehandelt haben. Für die Beobachtung sehr dünner Präparate von $\frac{1}{10}$ bis $\frac{1}{100}$ mm Dicke fügt BERTRAND diesem System noch eine vierte Linse von 13 mm Dicke und 45 mm Brennweite hinzu. Der Kondensor setzt sich ebenfalls aus drei fast zur Berührung gebrachten Linsen zusammen. Die Frontlinse ist wieder eine Halbkugel mit 5 mm Radius. Die zweite Linse hat 5 mm Dicke, 12 mm Radius und 19 mm Durchmesser. Beide Linsen bestehen aus Flintglas von der Lichtbrechung 1.773. Die dritte Linse besteht aus gewöhnlichem Crownglas, sie hat 60 mm Brennweite und ebenfalls 19 mm Durchmesser wie die mittlere Linse. Vielleicht ist dieses 1885 von BERTRAND beschriebene System nahe verwandt mit dem 1885 von FUESS konstruierten Objektiv.

Ferner begegnen wir in der Literatur, soviel ich bis jetzt ermitteln konnte seit 1889[2], einem R. WINKELschen System mit der numerischen Apertur 1.52, das speziell zum Studium der Achsenbilder dienen sollte. Über dieses System teilte W. BEHRENS (l. c.) mit, daß es 1888 von R. WINKEL fertiggestellt und auch im gleichen Jahre an Professor TH. LIEBISCH in Göttingen geliefert worden sei. Möglicherweise ist auch dieses WINKELsche System, das in den VOIGT und HOCHGESANGschen Katalogen als „Neues System zu Beobachtungen in stark konvergentem Licht mit Monobromnaphtalin-Immersion, num. Apert. 1.52" aufgeführt wird, nahe verwandt mit dem FUESSschen Objektiv. Soviel glaube ich inzwischen ermittelt zu haben, daß ein in der „Physiographie" 1904, 330, behandeltes System nicht wie dort gesagt von VOIGT und HOCHGESANG bzw. von

[1] Bull. Soc. min. fr. 1885. 377.

[2] W. BEHRENS, Notiz über eine neue Art homogener Immersionssysteme. Zeitschr. f. wiss. Mikrosk. 6 (1889), 307.

R. Winkel, sondern von R. Fuess bezogen wurde. Gerne hätte ich ein Voigt und Hochgesangsches Objektiv damaliger Fabrikation mit der enormen Apertur 1.52 näher untersucht, leider ist es mir aber nicht geglückt ein solches Fabrikat aufzutreiben. Längere Korrespondenzen mit den Firmen Voigt und Hochgesang in Göttingen, Dr. Steeg und Reuter in Homburg v. d. Höhe, die ja die Mikroskop-Fabrikation der vorgenannten Firma übernommen haben, sowie mit R. Winkel in Göttingen, führten nur zu der Bestätigung, daß die Voigt und Hochgesangsche Monobromnaphtalin-Immersion einstmals von R. Winkel ausgeführt worden ist. Die weiter unten Seite 45 bis Seite 50 beschriebenen Awi-Systeme sind neue Konstruktionen der letztgenannten Firma und beruhen auf Angaben des Herrn Albert Winkel sowie auf Berechnungen des Herrn Dr. Arthur Ehringhaus.

Um die Literaturübersicht zu vervollständigen, sei noch eines sehr starken Immersionssystems mit der numerischen Apertur 1.60 gedacht, das die Firma Zeiss nach Abbes Berechnungen anfertigte, und über welches sich eine kürzere Angabe in der Behrensschen Notiz (l. c.) findet, die sich auf einen van Heurckschen Bericht im Bulletin de la Société Belge de Microscopie Bd. 15 (1889), 69—71, beruft.

Die fünf oben genannten Fuessschen Fabrikate und ihre zugehörigen Kondensoren sind nun auf ihre numerischen Aperturen etwas genauer untersucht worden, wobei ich mich sowohl meines Glimmerapertometers[1] als auch des Abbeschen Apertometers bediente, soweit das letztere überhaupt zu verwenden war. Ich benutzte zwei Glimmerapertometer von verschiedener Gesamtdicke, von denen das eine (Nr. 2) mit Objektträger und Deckglas 1.15 mm, das andere (Nr. 3) 0.47 mm maß. Die Dicke der Präparate hat ja bei diesen Objektiven zur Beobachtung großer Achsenwinkel einen erheblichen Einfluß auf die Apertur. (Näheres s. S. 50.).

Bei der Verwendung meines Glimmerapertometers diente als Kondensor, und zwar sowohl bei den Objektiven wie bei den Kondensoren, wenn letztere die Funktion von Objektiven übernahmen, ein neuer Kondensor, der zu dem oben bereits erwähnten Awi-System gehört und eine Apertur von mindestens 1.50 besitzt. Das Abbesche Apertometer hat mir bei der Auswertung der oben genannten fünf Objektive keine sehr zuverlässigen Werte geliefert. Ich erhielt hier keine ruhige Gesichtsfeldgrenze, auf die man die Marken hätte einstellen können. Möglicherweise ist die Ursache hierfür in dem bald noch näher zu besprechenden geringen vorderen Brennpunktsabstand aller dieser fünf Systeme (s. S. 45) zu suchen.

Die Ergebnisse meiner Aperturbestimmungen sind in der Tabelle auf nebenstehender Seite vereinigt.

Man sieht, daß in der Tat die älteren Fuessschen Fabrikate eine etwas höhere Apertur besitzen als das neue Fabrikat von 1917. Auffallend ist der Unterschied der Aperturen zwischen den Objektiven und den zugehörigen Kondensoren. Nach den vorhandenen Exemplaren lassen sich die Aperturen von 1.46 bei Verwendung dieser Kondensoren, die im höchsten Fall in ihren Aperturen bis 1.44 gehen, nicht voll ausnutzen. Ich habe ja auch nur die hohe Zahl 1.46 erhalten, weil ich einen neuen Winkelschen Kondensor mit der numerischen Apertur 1.50 benutzen konnte. Der kleine Unterschied zwischen der von Th. Liebisch gefundenen numerischen Apertur 1.47 und meinem Wert 1.46 hängt mit der Dicke des Präparats zusammen. Wenn ich ein Glimmerapertometer ver-

[1] Sitz.-Ber. Heidelb. Akad., math.-nat. Kl. Abt. A, 1917, 2. Abh.

Optische Systeme	Numerische Aperturen		
	bestimmt mit Glimmer-Apertometer		bestimmt mit ABBEschem Apertometer
	Nr. 2 von 1.15 mm Gesamtdicke	Nr. 3 von 0.47 mm Gesamtdicke	
Objektive:			
1. Fueß 1917	1.31	1.42	Keine
2. Göttingen 1885	1.36	1.46	deutliche
3. Heidelberg E. A. W. 1888	1.36	1.46	Gesichtsfeld-
4. „ 1893	1.36	1.46	grenze
5. „ 1896	1.36	1.46	
Kondensoren:			
1. Fueß 1917	1.39	1.39	1.40
2. Göttingen 1885	—	—	—
3. Heidelberg E. A. W. 1888	1.44	1.44	1.45
4. „ 1893	1.41	1.41	1.41
5. „ 1896	1.38	1.38	1.39

wendet hätte von noch geringerer Gesamtdicke als 0.47 mm, so würde ich die Apertur der älteren Fabrikate auch noch etwas größer, also genau wie LIEBISCH zu 1.47 gefunden haben. Mit dem neuen FO-System von FUESS kann man die Achsen des Anhydrits über der stumpfen Bisektrix nicht mehr übersehen.

b) **Neues System zur Beobachtung der Achsenbilder (Awi-System = Achsen-Winkel-Immersions-System).**

α) Die Unbrauchbarkeit der bisherigen Spezialobjektive bei Untersuchung von Gesteinsdünnschliffen hängt mit ihren bilderzeugenden Qualitäten zusammen. TH. LIEBISCH hat diesen Mangel seinerzeit ganz richtig formuliert, als er sagte (l. c. S. 202), daß diese Systeme ihrer Natur nach nicht mehr zur Betrachtung mikroskopischer Objekte dienen können. Damit ist ihre Verwendung zur petrographischen Dünnschliffuntersuchung, wo die Objekte meistens klein sind und doch genau eingestellt werden müssen, stark beschränkt, wenn nicht ausgeschlossen. Solche Untersuchungen pflegen daher auch gewöhnlich mit den kostbaren und peinlich zu behandelnden Wasser- und Ölimmersionen ausgeführt zu werden. Jener Mangel hängt zum Teil mit dem geringen vorderen Brennpunktsabstand der Spezialobjektive zusammen. Bei den älteren Fabrikaten beträgt er 0.110 bis 0.130 mm und erlaubt bei außerordentlich dünnen Deckgläsern noch eine wenn auch mangelhafte bildliche Wiedergabe der Objekte. Bei dem neusten Fabrikat liegt dieser Brennpunkt aber nur 0.026 mm vor der Frontlinse, während der Metallrand der Fassung nicht weniger als 0.115 mm über die Glasfront hinausragt. Hier ist daher nicht einmal eine schattenhafte Wiedergabe der Objekte im Bilde möglich, selbst wenn man unter Gefährdung des Präparats oder der Frontlinse bis zur Berührung von Deckglas und Objektiv hinunter geht und auch noch stark brechende Flüssigkeiten einschaltet.

Um nun diesem Übelstand der mangelhaften Bilderzeugung bei den starken Achsenwinkel-Immersionen abzuhelfen, habe ich schon vor einer Reihe von Jahren die Firma R. WINKEL in Göttingen gebeten, ein neues System herzustellen, dessen freier Objektabstand größer und das auch sphärisch und achromatisch besser durchkonstruiert sei.

Bei der ersten derartigen Konstruktion lag der Brennpunkt einen halben Millimeter vor der Front und war insofern etwas zu groß ausgefallen, als manche Immersionsflüssigkeiten in so dicker Schicht keinen guten Halt zwischen Deckglas und Objektivfront finden. Bei einer Wiederholung gelang es aber der genannten Firma, den Brennpunktsabstand auf 0.30 mm herabzusetzen und damit ein sehr brauchbares System, das jetzige Awi-System 1917 anzufertigen. Hiermit kann man selbst bei recht dicken Deckgläsern sehr bequem arbeiten, und infolge der verbesserten Optik auch Bilder erhalten, die solche der früheren Fabrikate an Güte bedeutend übertreffen und daher ein gutes Erkennen und Einstellen auch kleiner Objekte im Dünnschliff ermöglichen. Selbstverständlich darf man diese Bilder nicht mit denen guter achromatischer oder gar apochromatischer Objektive vergleichen, aber zur Bilderzeugung sind ja solche Objektive eigentlich auch nicht gebaut. Sie setzen sich nun nicht mehr aus nur drei einfachen Linsen, sondern aus der einfachen Frontlinse und zwei Doppellinsen, also im ganzen aus fünf Linsen zusammen. Die Frontlinse ist eine Überhalbkugel, deren Fassung wie bei allen derartigen Systemen etwas dauerhafter ausgeführt sein könnte. Vielleicht sollte man hier wieder auf eine alte Konstruktionsidee zurückgreifen, die mir gelegentlich begegnete und in Figur 21 gezeichnet ist. Hier stellt a eine richtige Halbkugel und b eine planparallele Platte vor, die beide aus dem gleichen Glas bestehen und verkittet sind. Die Platte ist so groß, daß sich eine recht solide Fassung ermöglichen läßt. Ein Versuch mit dieser Fassung ist in den jetzigen Zeiten nicht ausführbar. Sollte der Kittrand von a und b zu hoch liegen, so wäre a zu einer schwachen Überhalbkugel auszugestalten und der erforderliche Best durch die Platte b zu ergänzen.

Die Äquivalentbrennweite des Awi-Systems 1917 mißt 3.7 mm. Der zugehörige Kondensor besteht aus drei einfachen Linsen von hochbrechendem Glas, von denen die Frontlinse wieder aus einer Überhalbkugel, die mittlere Linse aus einem Meniskus, und die dritte aus einer bikonvexen Linse besteht. Der Brechungsexponent der Frontlinse wurde bei Na-Licht zu 1.6725 bestimmt. Die Äquivalentbrennweite dieses Awi-Kondensors 1917 beträgt 5.9 mm. Der Brennpunkt liegt 1.1 mm über der Frontlinse.

β) Die volle Ausnützung der Apertur eines Awi-Systems hängt vom Kondensor, von der richtigen Dicke der Präparate und vom Brechungsexponenten der Immersionsflüssigkeit ab. Auch muß die Beleuchtungslampe in passender Entfernung aufgestellt und ihr Licht durch eine Linse richtig auf den Spiegel des Konoskops geworfen werden.

Mein neuer zum Awi-Objektiv 1917 gehörender Kondensor erreicht, wie oben schon erwähnt, eine Apertur von mindestens 1.50. Diese Messung ließ sich mit dem Abbeschen Apertometer nicht gut ausführen, weil das System zur Abbildung peripherischer Teile zu wenig geeignet ist und daher die Marken am Rande des Gesichtsfeldes nicht deutlich zu erkennen gibt; immerhin konnte man schätzungsweise die numerische Apertur zu wesentlich mehr als 1.45 bestimmen. Die große Apertur 1.50 wird indessen dadurch bewiesen, daß dieser Kondensor das Gesichtsfeld des Awi-Objektivs 1917 bis zur numerischen Apertur 1.50 beleuchtet (s. w. u. S. 50) und daher notgedrungen selbst mindestens diese Apertur haben muß. Über den Einfluß der Dicke der Präparate mit ihren Objektträgern und Deckgläsern, sowie über den Einfluß der Brechungsexponenten der Immersionsflüssigkeiten scheint man bis jetzt nicht viel mehr zu wissen als daß man sich beim Gebrauch des Fuessschen FO-Systems sehr dünner Objektträger zu bedienen hat. Die Verhältnisse sind m. W. noch nirgends näher erörtert worden und mögen daher hier an Hand der Figur 22 etwas eingehender behandelt werden. Es sei

U = numerische Apertur;
N = Brechungsexponent der Frontlinsen von Objektiv und Kondensor. Wenn verschieden: N_k und N_0;
η = Winkel des Grenzstrahls innerhalb der Frontlinsen;
ϑ = Winkel des Grenzstrahls innerhalb der Immersionsflüssigkeit (ev. in Luft);
ζ = Winkel des Grenzstrahls beim Eintritt in die Frontlinse des Kondensors oder beim Austritt aus der Frontlinse des Objektivs;
r_k = Radius der Frontlinse des Kondensors;
r_0 = Radius der Frontlinse des Objektivs;
h_k = Glasschichtdicke, die die Fronthalbkugel des Kondensors zur Überhalbkugel macht;
h_0 = Glasschichtdicke, die die Fronthalbkugel des Objektivs zur Überhalbkugel macht;
d = Abstand der Frontlinsen;
n = Lichtbrechung der Zwischenschicht, wenn diese sich im wesentlichen aus e i n e m Medium zusammensetzt.

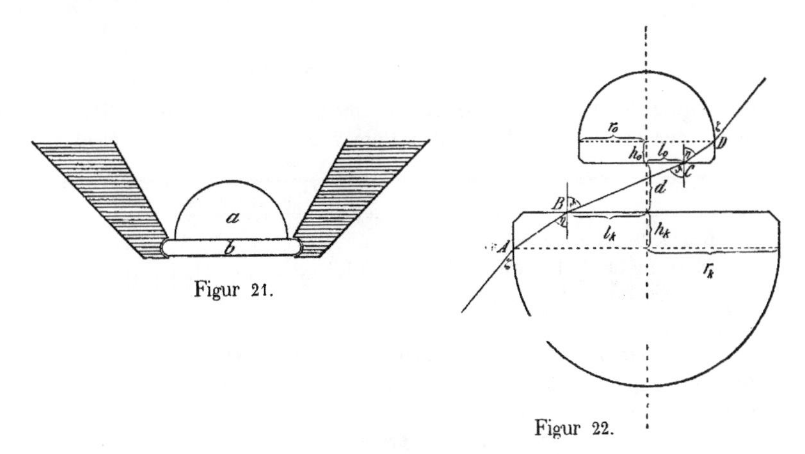

Figur 21.

Figur 22.

Wir wollen annehmen, die Randstrahlen des Gesichtsfeldes träfen die Überhalbkugeln an ihren breitesten Stellen bei A und D, also dort, wo die eine Hälfte der Kugel in die andere übergeht, und die beiden Frontlinsen haben dieselbe Lichtbrechung, während die des Zwischenmittels im allgemeinen hiervon abweiche. Ferner möge der Abstand d der Planflächen der Frontlinsen von Kondensor und Objektiv so gewählt sein, daß ein Randstrahl, der über ABCD läuft, in die Frontlinse des Kondensors bei A unter dem gleichen Winkel ζ eintritt, wie er bei D die Frontlinse des Objektivs verläßt. Aufgabe der Menisken und der sonstigen Linsen von Kondensor und Objektiv ist es dann, diesen Randstrahl einerseits vom Spiegel her eintreten zu lassen und anderseits nach der Amici-Linse hin (s. nächstes Kapitel) weiter zu leiten. Auf welche Weise das im einzelnen geschieht, wollen wir hier nicht weiter verfolgen.

Aus Fig. 22 ergibt sich,

$$(1) \qquad \cot g\, \vartheta = \frac{d}{l_k + l_o};$$

$$(2) \qquad n \cdot \sin \vartheta = N \cdot \sin \eta = U;$$

$$l_k = r_k - h_k \cdot tg\, \eta, \quad l_o = r_o - h_o \cdot tg\, \eta;$$

$$(3) \qquad d = \cot g\, \vartheta \left[r_k + r_o - tg\, \eta\, (h_k + h_o)\right].$$

Für den Spezialfall, daß die Zwischenschicht die gleiche Lichtbrechung wie die Frontlinsen hat, geht der Randstrahl in einer geraden, also ungebrochenen Linie von A über B und C nach D. Es wird dann $\eta = \vartheta$, und die Formeln (1), (2) und (3) verwandeln sich in die Formeln (4), (5) und (6):

$$(4) \qquad \cot g\, \eta = \frac{h_k + d + h_o}{r_k + r_o};$$

$$(5) \qquad N \cdot \sin \eta = U;$$

$$(6) \qquad d = \cot g\, \eta\, (r_k + r_o) - (h_k + h_o).$$

Zur Anknüpfung an konkrete Verhältnisse mögen folgende tatsächlich festgestellte Dimensionen der beiden Frontlinsen den Berechnungen zu Grunde gelegt werden:

	Kondensor	Objektiv
Radius der Krümmungen r_k und r_o	4.50	2.30
Dicke der Überhalbkugeln $r_k + h_k$ und $r_o + h_o$ . .	5.75	3.00
Brechungsexponenten $N_k = N_o = N$	1.6725	1.6725

Wählen wir als Zwischenschicht gewöhnliche Objektträger und Deckgläser, die einen Brechungsexponenten $n = 1.522$ zu haben pflegen, und verwenden wir auch eine Immersionsflüssigkeit von derselben Lichtbrechung $n = 1.522$, so wird z. B. für die numerische Apertur $U = 1.48$ nach den Formeln (2) und (3)

$$\vartheta = 76^0 31',$$
$$\eta = 62^0 14',$$
$$d = \cot g\, 76^0 31' \; [4.50 + 2.30 - tg\, 62^0 14' \; (1.25 + 0.70)] = 0.74 \text{ mm}.$$

Wählen wir aber als Zwischenschicht stärker brechende Medien und zwar solche, die in der Lichtbrechung dem Wert $N = 1.6725$ nahe kommen, wie etwa Monobromnaphtalin mit $n = 1.658$, und vergessen wir auch nicht, Objektträger und Deckglas und Einbettungsmittel von gleich hoch brechenden Medien zu nehmen, so berechnet sich nach den gleichen Formeln (2) und (3)

$$\vartheta = 63^0 12',$$
$$\eta = 62^0 14',$$
$$d = \cot g\, 63^0 12' \; [4.50 + 2.30 - tg\, 62^0 14' \; (1.25 + 0.70)] = 1.56 \text{ mm}.$$

Hätte man das Zwischenmittel von genau derselben Lichtbrechung wie das Glas der Frontlinsen, also noch etwas höher als im letzten Fall gewählt, so würde man d zu 1.63 mm gefunden haben.

Diese theoretischen Werte von d, berechnet aus gewissen U- und n-Werten und bezogen auf bestimmte Frontlinsen, gewinnen an Interesse, wenn man sie experimentell nachprüft. Versuche ergaben nun bei einem mit der Montierung 0.47 mm dicken Glimmerapertometer, eingebettet in Kanadabalsam zwischen gewöhnlichen Gläsern und durch Monochlorbenzol (n = 1.5244) mit den Frontlinsen verbunden, eine Apertur von 1.47 anstatt des berechneten Wertes 1.48, während bei einem andern, mit Gläsern 1.50 mm dicken Glimmerapertometer, montiert zwischen hoch brechenden Gläsern (n = 1.6585) und eingebettet in Monobromnaphtalin, ebenfalls eine numerische Apertur 1.47 anstatt des theoretischen Wertes 1.48 beobachtet wurde. Das erste Apertometer hätte auch etwas dicker sein dürfen, denn bei der günstigsten Apertur lag das Objektiv in einiger Entfernung über dem Objekt, und der Abstand d der beiden Frontlinsen von Kondensor und Objektiv mochte im ganzen wohl 0.7 mm betragen. Das andere Apertometer hatte fast genau die richtige Dicke und verlangte die Annäherung der Linsen sozusagen bis zur Berührung mit dem Objekt. Unter Berücksichtigung der etwas heikeln Umstände bei diesen Messungen wird man die geringe Abweichung der berechneten und beobachteten Aperturwerte als eine gute Bestätigung des in Figur 22 dargelegten Vorgangs bezeichnen können. Die Lichtbrechung des Minerals selbst, die von den einschließenden Gläsern und Flüssigkeiten abweichen mag, spielt dabei eine geringere Rolle, weil es sich hier immer um sehr dünne Lamellen handelt, die keine erhebliche Strahlenversetzung bewirken. Der Ersatz der gewöhnlichen Objektträger und Deckgläser durch hoch brechende Gläser ist natürlich ein umständliches und recht kostspieliges Verfahren. Daher wird man im allgemeinen vorziehen, die Präparate etwas dünner zu montieren und dabei bedenken, daß sie gewöhnlich in Kanadabalsam vom Brechungsexponenten 1.537 und zwischen Gläser vom Brechungsexponenten 1.522 eingebettet werden. Von praktischer Bedeutung ist also eigentlich nur die Kenntnis derjenigen Aperturen, die man mit solchen in Kanadabalsam usw. eingelegten Präparaten bei verschiedener Dicke und bei verschiedenen Immersionsflüssigkeiten erreicht. Hierüber können folgende Aperturbestimmungen desselben Awi-Systems mit drei verschieden dicken, zwischen gewöhnlichen Gläsern in Kanadabalsam montierten Glimmerapertometern Aufschluß geben.

Aus diesen in der umstehenden Tabelle mitgeteilten Bestimmungen ersieht man, daß man in vielen Fällen, in denen die höchsten Aperturen nicht gebraucht werden, an Stelle des etwas öligen und für die Reinigung unbequemen Monobromnaphtalins handlichere Flüssigkeiten verwenden kann. Sehr zu empfehlen ist für solche Zwecke außer Wasser, das bis zur numerischen Apertur 1.29 natürlich allen andern Immersionsflüssigkeiten vorzuziehen ist, Xylol und Monochlorbenzol. Letzteres ist eine bei 132° siedende Flüssigkeit, die sich außerordentlich schnell aufsaugen und daher leicht von Objektiv und Präparat entfernen läßt. Auch ist der an Bittermandelöl und Benzol erinnernde Geruch nicht so unangenehm, wie bei vielen andern in der Lichtbrechung zwischen 1.52 und 1.56 liegenden und sonst von uns benutzten Einbettungsflüssigkeiten; ich erinnere nur an Fenchelöl, Nelkenöl, Äthylenbromid, Eugenol, Nitrobenzol, Dimethylanilin, Monobrombenzol, Anisöl und Zimtäthyläther.

Numerische Apertur des Awi-Systems bei verschieden dicken Präparaten und bei verschiedenen Immersionsflüssigkeiten.

Glimmerapertometer 1 hat die Gesamtdicke 1.72 mm,
" 2 " " " 1.15 mm,
" 3 " " " 0.47 mm

Immersionsflüssigkeit	Brechungsexponent der Immersionsflüssigkeit	Num. Apert.	Glimmerapertometer
Luft	1.0000	0.98	1 oder 2 oder 3
Wasser	1.3331	1.29	2 oder 3
Xylol	1.4943	1.46	3
Monochlorbenzol . . .	1.5244	1.47	3
Orthotoluidin	1.5712	1.48	3
Monobromnaphtalin . .	1.6577	1.50	3

Die numerische Apertur des Awi-Objektivs 1917 wurde außer mit dem Glimmerapertometer auch noch mit dem Abbeschen Apertometer bestimmt und hiermit zu nicht weniger als 1.52 gefunden. Das ist der Wert, der von dem alten durch Voigt und Hochgesang vertriebenen Winkelschen Objektiv erreicht wurde. Die Apertur dieses Awi-Systems ist also etwas größer als die des zugehörigen Awi-Kondensors, die aber, wie schon oben Seite 46 gesagt, immerhin den Wert 1.50 erreicht.

Für die Beobachtung maximaler Aperturen ist nun auch noch eine gute Beleuchtung erforderlich. Für Na-Licht genügt ein gewöhnlicher Bunsenbrenner mit Sodaperle, die von einem ⅓ mm dicken Platindraht in 3 mm großer einfacher Platin-Öse gehalten wird. Etwas angenehmer als die gewöhnlichen Bunsenbrennerflammen sind die nicht zu breiten Flachbrenner, die man aber auch nur mit dieser einfachen Sodaperle von 3 mm Größe zu beschicken braucht und nicht mit den breiten in Kochsalz getauchten Laspeyresschen Platinröllchen oder gar mit den neuerdings vorgeschlagenen getränkten Bimssteinplatten[1], da diese letzteren beiden Vorrichtungen die Flammen viel zu stark abkühlen und dadurch die Intensität des Lichtes, selbst bei Verwendung von Kochsalz anstatt Soda, heruntersetzen. Von der einfachen Perle breitet sich die Natriumflamme des Flachbrenners schon genügend aus. Eine solche Flamme wird nun in etwa 60 cm Entfernung vom Konoskop aufgestellt und alsdann durch eine große Beleuchtungslinse so breit auf den Spiegel des Konoskops projiziert, daß dieser Spiegel reichlich überdeckt ist. Die Winkelschen Beleuchtungslinsen von 6 cm Öffnung und 11 cm Brennweite oder die 10 cm großen Leitzschen Beleuchtungslinsen von 15 cm Brennweite sind hierfür sehr bequem zu verwenden. Man stellt sie 20 bis 25 cm vor der Flamme auf und richtet den Strahlengang mit Hilfe eines Papierblattes auf den Spiegel. — Bei den größten Aperturen erhält man eine übersichtlichere Beleuchtung des ganzen Gesichtsfeldes, wenn man eine feine Mattscheibe zwischen Polarisator und Kondensor in den Strahlengang einschaltet. Sehr gut eignet sich hierzu das in der Zeichentechnik als Paushaut bezeichnete Material oder auch eine Glasmattscheibe von ähnlicher Kornfeinheit. Eine derartige Mattscheibe kann man sehr leicht aus einem Objektträger herstellen, wenn man ihn mit feinstem Karborundum oder Schmirgel auf einer Glasscheibe zunächst so lange schleift, bis das Pulver totgeschliffen ist, und wenn man dann den Schleifprozeß noch eine kleine Weile fortsetzt.

[1] Zeitschr. f. Kristallogr. 54 (1914), 168.

c) AMICIsche (AMICI-BERTRANDsche) Linse.

Die AMICIsche Linse, die ich hier häufig nur als Amici bezeichne, wie man ja öfters bei NICOLschen und andern Polarisationsprismen auch nur kurz von Nicols spricht, soll bekanntlich ein in der oberen Brennfläche der Objektive entstehendes primäres Interferenzbild in die Ebene des Okularfadenkreuzes bringen, damit es hier näher untersucht werden kann. Mit dieser Funktion der Linse ist der mikroskopische Strahlengang in einen teleskopischen, also das Mikroskop in ein Fernrohr oder, wie man auch wohl häufig sagt, in ein Konoskop umgewandelt worden. Die Genauigkeit der Ausmessung des Interferenzbildes hängt vorzugsweise von der Fernrohrvergrößerung ab, die sich ihrerseits nun wieder ganz nach den Forderungen richtet, die man an das Interferenzbild stellen will oder stellen kann. Die Präparate isolierter Kristalle werden im allgemeinen einer genaueren Ausmessung zugänglich sein als die Mineralien der Dünnschliffe. Erstere geben häufig ausgezeichnete Achsenbilder mit vielen Lemniskaten und scharfen Hyperbelscheiteln, die besonders im einfarbigen Licht eine Messung bis auf Bruchteile von Graden erlauben. Letztere lassen dagegen bekanntlich meistens überhaupt keine Lemniskaten, sondern nur Hyperbelbüschel und auch diese nur sehr verwaschen erkennen. Man wird also diesen Verhältnissen entsprechend bald ein nur schwach verkleinerndes, bald ein sehr erheblich verkleinerndes Fernrohr benutzen wollen.

Nach meinen Erfahrungen kann man bei messenden Beobachtungen dieser Interferenzbilder im Konoskop nicht weit unter ein 30fach verkleinerndes Fernrohr hinuntergehen. Stellt man sich nun die Aufgabe, den Anschluß an meinen Achsenwinkelapparat mit veränderlicher Vergrößerung[1] zu erreichen, wo es sich um Vergrößerungen von 2 bis $^1/_8$ handelt, so wird man die Lücke zwischen $^1/_8$ und $^1/_{30}$ Vergrößerung auszufüllen haben. Auf diese Weise lassen sich dann teils mit dem Achsenwinkelapparat, teils mit dem Konoskop alle Fernrohrvergrößerungen von 2 bis $^1/_{30}$ anwenden und also Achsenbilder von sehr verschiedener Güte ausmessen. Es möge hier immer von Fernrohr**vergrößerungen** gesprochen werden, auch wenn es sich tatsächlich um **verkleinernde** Fernrohre handelt. Bei dieser Formulierung muß man sich nur erinnern, daß eine Fernrohrvergrößerung $^1/_{30}$ dasselbe bedeutet, wie eine 30fache Fernrohrverkleinerung.

Um nun bei der Auswahl der Objektive, Amicilinsen und Okulare nicht ins uferlose Tasten zu geraten, knüpfe ich an den Gedankengang meiner Untersuchung „Über die Konstanten der Konometer"[2] an und verwende wieder die dortigen sowie einige neue Bezeichnungen. Es sei

D = deutliche Sehweite eines normalen Auges (250 mm);

f_1 = Äquivalentbrennweite des Objektivs;

f_2 = Äquivalentbrennweite des Okulars. An seiner Stelle wird hier einfacher die Okularvergrößerung v_3 eingeführt; $v_3 = \frac{D-a}{f_2} + 1$, wo D wieder die deutliche Sehweite und a der Augenabstand über dem Okular ist;

f_3 = Äquivalentbrennweite des Amici;

h_3 = Hauptebenenabstand des Amici (etwa 1 mm; wurde in den Figuren 23 und 24 vernachlässigt);

[1] Neues Jahrb. f. Min. usw. B.-B. XII (1898), 405ff.

[2] Sitz.-Ber. Heidelb. Akad. Wiss., math.-naturw. Kl. 1911, 3. Abh.

A = kleinster Abstand der unteren Hauptebene des Amici von primärem Interferenzbild;

A_1 = größter Abstand der unteren Hauptebene des Amici von primärem Interferenzbild;

B = größter Abstand der oberen Hauptebene des Amici von sekundärem Interferenzbild;

B_1 = kleinster Abstand der oberen Hauptebene des Amici von sekundärem Interferenzbild;

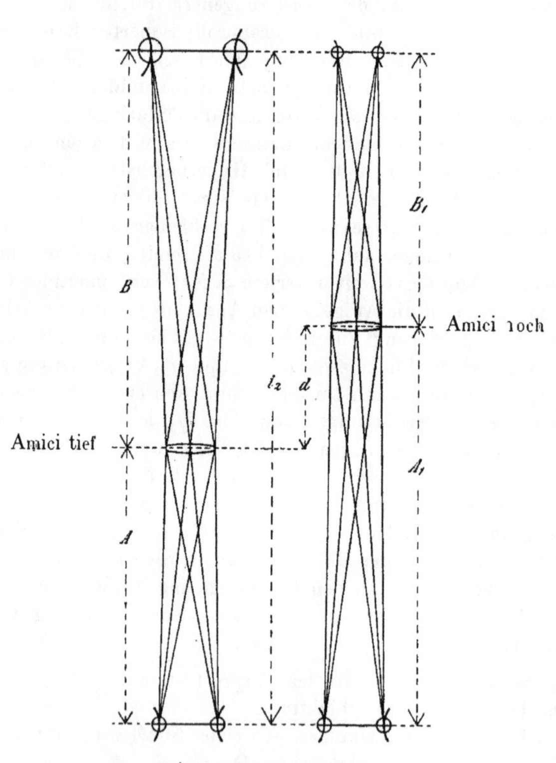

Figur 23. Figur 24.

φ = Veränderlichkeit der Fernrohrvergrößerung;

i_1 = kleinster Abstand des primären vom sekundären Interferenzbild;

i_2 = größter Abstand des primären vom sekundären Interferenzbild;

d = Verschiebungsmaß des Amici;

V = Vergrößerung des Amicifernrohrs.

Hiernach beträgt das Verschiebungsmaß des Amici

$$A_1 - A = B - B_1 = d.$$

Ferner ist der kleinste Abstand des primären vom sekundären Interferenzbild

$$i_1 = 4 f_3 + h_3,$$

und der größte Abstand dieser Interferenzbilder, wie er in den Figuren 23 und 24 auf Seite 52 unter Vernachlässigung des Hauptebenenabstandes h_3 gezeichnet ist,

$$i_2 = A + B + h_3 = A_1 + B_1 + h_3.$$

Die Vergrößerung des Fernrohrs kann man nun als das Produkt von drei Teilvergrößerungen v_1, v_2 und v_3 ansehen.

Als erste Teilvergrößerung v_1 möge diejenige bezeichnet werden, die durch Objektiv und bloßes Auge, also ohne Amici und ohne Okular, bewirkt wird; diese ist immer, wenn das Auge im Abstand D über dem primären Interferenzbild liegt,

$$v_1 = \frac{f_1}{D}.$$

Die zweite Teilvergrößerung v_2 sei die durch den Amici hervorgerufene Vergrößerung des zweiten Interferenzbildes gegenüber dem ersten. Sie ist bei Tiefstellung, Mittelstellung und Hochstellung des Amici

$$v_2\,(\text{tief}) = \frac{B}{A} = \frac{f_3}{A - f_3},$$

$$v_2\,(\text{mittel}) = 1,$$

$$v_2\,(\text{hoch}) = \frac{B_1}{A_1} = \frac{f_3}{A_1 - f_3}.$$

Liegen Tief- und Hochstellung des Amici symmetrisch zur Mittelstellung, wie in den Figuren 23 und 24, so wird $B_1 = A$ und $A_1 = B$.

Bringt man bei eingeschobenem Amici das Auge in die deutliche Sehweite über das sekundäre Interferenzbild, also bei Normalsichtigen in etwa 250 mm Abstand über das Tubusende, so hat man ein aus Objektiv, Amici und bloßem Auge bestehendes Fernrohr von der Vergrößerung $v_1 \cdot v_2$.

Die dritte Teilvergrößerung v_3 wird durch das Okular erzeugt. Sie ist bei den verbreiteteren Okularen Nr. 2, Nr. 3, Nr. 4 und Nr. 5 etwa 4½-, 5½-, 7- und 9fach.

So stellt sich endlich die Gesamtvergrößerung V des Fernrohrs, das sich aus Objektiv, Amici und Okular zusammensetzt, und das wir wohl besonders benennen und als Amicifernrohr bezeichnen dürfen, da es doch mit seinen Apertur- und Vergrößerungsverhältnissen so stark von allen andern terrestrischen Fernrohren abweicht, folgendermaßen dar:

$$V = v_1 \cdot v_2 \cdot v_3.$$

Wir wollen nun ferner untersuchen, wieweit wir in dem Maße der Veränderlichkeit der Fernrohrvergrößerung bei ein und demselben Okular gehen können, ohne handliche

Dimensionen des Gesamtmechanismus zu übersteigen. Bei symmetrischer Verschiebung des Amici, wie in den Figuren 23 und 24, wo die Linse in den extremen Lagen bald ebenso nahe an das primäre Interferenzbild, wie an das sekundäre heranrückt, wo also $B_1 = A$ und $A_1 = B$ wird, ist

$$V_{max} = \frac{f_1}{D} \cdot \frac{B}{A} \cdot v_3 ,$$

$$V_{min} = \frac{f_1}{D} \cdot \frac{A}{B} \cdot v_3 .$$

Hieraus folgt für die Veränderlichkeit der Fernrohrvergrößerung

$$\varphi = \frac{V_{max}}{V_{min}} = \frac{B^2}{A^2} .$$

Endlich stehen uns dann für die weiteren Berechnungen folgende Gleichungen zur Verfügung:

$$\varphi = \frac{B^2}{A^2} ; \quad \frac{1}{A} + \frac{1}{B} = \frac{1}{f_3} ;$$

$B + A = i_2$, unter Vernachlässigung der Linsendicke des Amici; $B - A = d$.

Wählt man als schickliche Dimensionen für den größten Abstand des primären vom sekundären Interferenzbild $A + B = i_2 = 220$ mm und für das Verschiebungsmaß des Amici $B - A = d = 45$ mm, unter dem Vorbehalt, daß diese Dimensionen durch die instrumentellen Einrichtungen auch noch etwas überschritten werden können, so berechnet sich

A	zu	90	mm,
B	zu	130	„ ,
f_3	zu	53,2	„ ,
φ	zu	2.1	„ .

Wir können also die veränderliche Fernrohrvergrößerung φ bei ein und demselben Okular und bei den angenommenen Tubusdimensionen nur bis zum 2fachen und nicht bis zum 3¾fachen treiben, wie bei den angestrebten Veränderungen von $^1/_8$ bis $^1/_{30}$ Vergrößerung. Da uns aber doch verschiedene Okulare und für kleinere Aperturen auch verschiedene Objektive zur Verfügung stehen, können wir in der Veränderlichkeit der Amicifernrohrvergrößerung sehr viel weiter als bis zum 3¾fachen gelangen. Eine andere Frage ist damit aber noch nicht beantwortet, ob wir auch die Vergrößerungen — in Wirklichkeit natürlich immer Verkleinerungen — ihren absoluten Werten nach und nicht nur nach ihren Veränderlichkeiten erreichen. Wir wollen diese Frage bei Verwendung des uns hier besonders interessierenden Systems von größter Apertur also des Awi-Systems erörtern, dessen Brennweite abgerundet zu 4 mm angenommen werden möge. Kombinieren wir dieses Awi-System mit dem Amici von 53.2 mm Brennweite, sowie abwechselnd mit den Okularen Nr. 2 und Nr. 5 von 4½- bzw. 9facher Vergrößerung und bringen diese Linsen in die nötigen extremen Abstände, so stehen uns zur Berechnung der Fernrohrvergrößerung V folgende Maße zur Verfügung:

$$
\begin{aligned}
A = B_1 &= 90 \text{ mm},\\
B = A_1 &= 130 \text{ ,, },\\
f_1 &= 4 \text{ ,, },\\
D &= 250 \text{ ,, },\\
v_{3\,min} &= 4\tfrac{1}{2}, \text{ (bei Okular Nr. 2)},\\
v_{3\,max} &= 9\ , \text{ (bei Okular Nr. 5)}.
\end{aligned}
$$

Hieraus erhält man bei extremen Lagen der Amicilinse und bei Austausch der Okulare Nr. 2 und Nr. 5 nach den Formeln

$$V = v_1 \cdot v_2 \cdot v_3 \text{ oder } V = \frac{f_1}{D} \frac{B}{A} v_3 \text{ und } V = \frac{f_1}{D} \frac{B_1}{A_1} V_3:$$

$$
\begin{aligned}
V_{min\ min} &= 0.05, & V_{max\ min} &= 0.10,\\
V_{min\ max} &= 0.10, & V_{max\ max} &= 0.21.
\end{aligned}
$$

Die Bezeichnung min min usw. soll bedeuten, daß die kleinste Vergrößerung durch die Amicilinse mit dem schwächeren Okular usw. kombiniert wurde. Man sieht, daß man als stärkste Vergrößerung $V_{max\ max}$ den Wert $^1/_5$ erreicht und also die eine angestrebte Grenze von $^1/_8$ schon überschritten hat, da ja die Vergrößerung $^1/_5$ stärker ist als die Vergrößerung $^1/_8$; man sieht aber andererseits, daß man mit der geringsten Vergrößerung von 0.05, oder umgekehrt ausgedrückt mit der 20fachen Verkleinerung, immer noch nicht zu der andern angestrebten 30fachen Verkleinerung gelangt ist. Im übrigen erscheint die Verwendung dieser beiden Okulare Nr. 2 und Nr. 5 ganz zweckmäßig, da $V_{min\ max} = V_{max\ min}$ ist, und also die geringste Vergrößerung mit dem starken Okular eine lückenlose Fortsetzung in der starken Vergrößerung mit dem schwachen Okular findet.

Man kann das Ergebnis dieser Betrachtung dahin zusammenfassen, daß beide Okulare Nr. 2 und Nr. 5 etwas zu stark vergrößern, indem das Okular Nr. 2 zu dem Minimalwert V = 0.05, anstatt zu V = 0.033 führt, und das andere Okular Nr. 5 den Maximalwert 0.21 ($^1/_5$), anstatt nur 0.13 ($^1/_8$) bringt.

Wer an Stelle des Awi-Systems andere Systeme mit kleineren Brennweiten als 4 mm und allerdings auch mit kleineren Aperturen verwendet, wird bald eine wünschenswerte Verkleinerung der Interferenzbilder erreichen. Die Zeissschen Apochromate von 3 mm und 2 mm Äquivalentbrennweite würden z. B. 7- bis 27fache oder 10- bis 40fache Verkleinerung bewirken und damit alles das erreichen lassen, was man einerseits im Anschluß an meinen Achsenwinkelapparat und anderseits in der überhaupt noch zugänglichen Kleinheit der Bilder erreichen möchte. Wer aber diese kostbaren Objektive für die vorliegenden Zwecke nicht gerne benutzt, könnte auf den Gedanken kommen, noch schwächere Okulare zu gebrauchen. Dazu ist indessen Okular Nr. 1 nicht gut zu verwenden, weil es etwas zu lang ist.

Wenn man aber nun schon mit drei Okularen arbeiten will, so kann man auch noch einen andern Weg einschlagen, und für konometrische Bestimmungen Spezialokulare konstruieren, von denen ich hier zwei in Vorschlag bringe.

Das eine Spezialokular erlaubt die bekannte Wrightsche quadrierte Skala in sehr weitem Umfang auszunutzen und besteht aus einem Ramsdenschen Okular von folgenden Dimensionen. Zwei plankonvexe Linsen stehen in ihren einander zugekehrten gewölbten Flächen 26 mm voneinander ab. Die größere gegen das Objekt gewendete Linse hat 52 mm, die andere 47 mm Äquivalentbrennweite. Die Äquivalentbrennweite des Gesamtokulars ist 34 mm und entspricht etwa einem Okular Nr. 4 mit 7facher Vergrößerung; es ist also hier $v_3 = 7$. Die Skala liegt unterhalb des Okulars im Abstand von 7 mm bis 11 mm, je nach der Augenbeschaffenheit des Beobachters, und die Vergrößerung des Amicifernrohrs mit dem Awi-System von 4 mm berechnet sich zu

$$V_{min} = \frac{4}{250} \cdot \frac{90}{130} \cdot 7 = 0.078, \text{ also etwa zu } {}^1/_{13},$$

$$V_{max} = \frac{4}{250} \cdot \frac{130}{90} \cdot 7 = 0.162, \text{ also etwa zu } {}^1/_{6}.$$

Dieses Ramsdensche Spezialokular mit quadrierter Wrightscher Skala erzeugt also eine 6- bis 13fache Verkleinerung und eignet sich vorzugsweise zur Ausmessung dicker Präparate mit scharfen Interferenzbildern.

Ein zweites Spezialokular soll dem spezifisch petrographischen Arbeiten, also dem Ausmessen der Interferenzbilder der Mineralien in den Dünnschliffen dienen. Es besteht aus einem besonders schwach vergrößernden Mikroskop, das ohne die im Amicirohr befindliche Amicilinse gebraucht wird. Es setzt sich aus zwei Linsen zusammen, von denen die dem Objekt zugekehrte, die die Rolle der Amicilinse übernimmt, eine Äquivalentbrennweite von 29 mm und die andere, dem Auge zugekehrte, eine solche von 30 mm hat. Die quadrierte Wrightsche Skala, die bei der Kleinheit der Interferenzbilder hier nur zum kleinsten Teil ausgenutzt wird, liegt zwischen den Linsen im Abstand von 36 mm über der Hauptebene der Amicilinse dieses Okulars. Die Augenlinse kann dieser Skala bis auf 23 mm genähert werden, damit auch sehr kurzsichtige Augen die Skala noch deutlich sehen. Amicilinse und Skala sind in diesem Okular beide zentrierbar. Nach Einsetzung dieses zweiten Spezialokulars in den Tubus des Mikroskops und nach Einstellung des vom Awi-System entworfenen Achsenbildes, liegt die Amicilinse dieses Okulars 149 mm über dem primären Interferenzbild. Es ist also hier $A_1 = 149$ mm und $B_1 = 36$ mm. Ferner berechnet sich v_3 aus den Eigenschaften des Augenglases zu 9, so daß für die Vergrößerung des Amicifernrohrs folgt

$$V = \frac{4}{250} \cdot \frac{36}{149} \cdot 9 = 0.035 = \text{etwa } {}^1/_{28}.$$

Mit diesem 28fach verkleinernden Fernrohr sind wir nunmehr auch bei Verwendung des Awi-Systems ganz in die Nähe jener 30fachen Verkleinerung gekommen, die als äußerste Grenze für die messende Untersuchung von Interferenzbildern noch einen praktischen Wert hat.

d) MALLARDsche Konstante und Form der Brennfläche starker Objektive.

Die Awi-Systeme zeichnen sich durch sehr hohe Apertur aus und besitzen daneben noch genügend Eigenschaften eines abbildenden Mikroskopobjektivs, um auch kleinere Objekte erkennen und einstellen zu können. Ihre obere Brennfläche, also die Fläche in der das primäre Interferenzbild liegt, ist sehr stark gewölbt, was bei der großen Apertur auch sehr deutlich hervortritt. Hiervon kann man einen recht sinnfälligen Eindruck bekommen, wenn man ein mit Lemniskaten reichlich versehenes Interferenzbild betrachtet, wozu sich meine Glimmerapertometer mit 10 bis 20 Lemniskaten innerhalb einer numerischen Apertur von U = 1.50 gut eignen. Man mag die räumliche Anordnung der an solchen Apertometern auftretenden ellipsenähnlichen Lemniskaten (CASSINIschen Kurven) den Ringen eines von oben betrachteten seitlich etwas zusammengedrückten Bienenkorbs vergleichen.

Eine genaue räumliche Aufnahme der Form dieser Interferenzbilder, also der Form der Brennfläche der Awi-Systeme, und ein Vergleich mit den Brennflächen anderer zur Beobachtung im konvergenten Licht benutzten Mikroskopobjektive schien mir insofern angezeigt, als dadurch Erörterungen über die sogenannte MALLARDsche Konstante geklärt und auch einige Mißverständnisse in der Literatur beseitigt werden können. Ich habe nämlich in der „Physiographie" I. 1 (1904), 330—331, bei Erwähnung der Mannigfaltigkeit der Brennflächen der Objektive vor dieser vermeintlichen Konstanz gewarnt und dann empfohlen, die MALLARDsche Größe für verschiedene Aperturen empirisch zu bestimmen und die Umwandlung der linearen Okularmikrometerwerte in Winkelwerte auf graphischem Wege vorzunehmen. Wie groß die Fehler andernfalls werden können, zeigte ich dann an Bestimmungen, die mit einem System von hoher Apertur ausgeführt wurden[1]. Diese Bestimmungsreihen mögen hier noch einmal mitgeteilt und durch eine Reihe mit H = 50°, wie sie mir zu nachherigen Vergleichen dienlich sein soll, ergänzt werden.

	H beobachtet oder als beobachtet angenommen	D Zentralabstand im Okular	K MALLARDsche Konstante $K = \frac{D}{\sin H}$	H' berechnet nach Formel $\sin H' = \frac{D}{1.705}$
Aragonit	11° 33′	0.325	1.623	10° 59′
1. Muskovit	24° 43′	0.700	1.674	24° 14′
2. Topas	39° 5′	1.075	1.705	(39° 5′)
3. ——	50° 0′	1.333	1.740	51° 26′
Kalkspat	60° 51′	1.590	1.821	68° 50′

H in dieser Tabelle ist der in Wasser mit dem Achsenwinkelapparat gemessene halbe Achsenwinkel einiger Mineralien, und bei Kalkspat der Austrittswinkel der optischen Achse auf der Spaltfläche. D ist der Zentralabstand der betreffenden Achse in der Okularskala, also im sekundären Interferenzbild. K ist die aus H und D nach der Formel

$$K = \frac{D}{\sin H}$$

berechnete MALLARDsche Konstante für verschiedene Aperturen. Für den hier als ge-

[1] Über den Ursprung dieses Systems s. o. S. 43—44.

messen angenommenen Winkel von 50° wurden die zugehörigen Werte für D und K auf graphischem Wege aus den andern H-, D- und K-Werten ermittelt. Schließlich stehen unter H′ die Winkel, die sich aus der Konstante K für Topas, also aus K = 1.705 und den zugehörigen D-Werten berechnen. Man sieht, daß es sich bei Winkeln bis zu 39°5′ in Wasser oder bis zu 2E = 114°22′ in Luft um Abweichungen von höchstens ½° handelt, daß bei Winkeln bis zu 50° in Wasser diese Abweichungen auf etwa 1½° steigen, und daß sie erst bei größeren Aperturen erheblicher werden.

Diese Beobachtungen an einem starken Immersionssystem sind von verschiedenen Autoren nicht ganz richtig aufgefaßt worden. So sagt F. E. WRIGHT[1]: "The differences between observation and calculation are large and indicate that the determination of the positions of optic axis near the periphery of the field is less accurate than that for more centrally located points". Diese vermeintlich geringere Genauigkeit der Bestimmung peripherisch austretender Achsen ist aber nach meinen Erfahrungen nicht vorhanden oder doch nicht mehr als es die (näherungsweise) Sinusfunktion mit sich bringt; man muß nur das AMICIsche Hilfsmikroskop parallaxenlos auf je die verschiedenen Höhen des primären Interferenzbildes einstellen. Die weitere Bemerkung WRIGHTS, "on comparison of this series of results with those obtained by Fueß No. 9 objective, it is evident that objectives vary considerably in this particular", trifft aber ebenfalls nicht den Kern der Sache. Man kann ein Objektiv Fueß Nr. 9 nicht ohne weiteres mit einer Monobromnaphtalin-Immersion vergleichen, oder wenn man einen Vergleich anstellen will, ihn doch nur bis zu gleichen Aperturen durchführen. Man darf also, da die Apertur von Objektiv Nr. 9 nur bis 0.85 geht, auch bei der starken Immersion nicht weiter als bis zur Apertur 0.85 gehen. Im übrigen nimmt WRIGHT meinen Vorschlag auf, die Konstante K für eine Reihe von Aperturen zu bestimmen.

Auch F. BECKE hat sich mit meinen Angaben beschäftigt[2] und zum Vergleich ein FUESS-HARTNACKsches Objektiv Nr. 7 (bekanntlich von der gleichen numerischen Apertur 0.85 wie Nr. 9) und eine Wasserimmersion herangezogen, deren numerische Apertur 1.15 beträgt (s. LEISS, Optische Instrumente 1899, 206). Aus seinen Messungen zieht nun BECKE den Schluß, daß „der Unterschied zwischen Mitte und Rand des Gesichtsfeldes (nämlich bezüglich der MALLARDschen Konstante) wesentlich kleiner als bei dem von WÜLFING geprüften Achsenwinkel-Objektiv" sei. Eine Wiederholung der Berechnung der BECKEschen Messungen führte mich indessen zu einem andern Ergebnis, nämlich daß dieser Unterschied gar nicht vorhanden ist, wenn man eben nur Vergleichbares vergleicht.

Von den BECKEschen Messungen stehen folgende Zahlen zur Verfügung

I.	$H_1 = 23°45\frac{1}{2}'$,	$H_2 = 39°32\frac{1}{2}'$,	$H_3 = 50°29\frac{1}{2}'$;
II.	$d_1 = 2.46$,	$d_2 = 3.76$,	$d_3 = 4.45$;
III.	$\frac{1}{k_1} = 0.220$,	$\frac{1}{k_2} = 0.225$,	$\frac{1}{k_3} = 0.231$;
IV.	$k_1 = 4.56$,	$k_2 = 4.45$,	$k_3 = 4.32$.

[1] Am. Journ. 24 (1907), 328—329.
[2] TSCHERMAKS Min. Petrog. Mitt. 20 (1907). 509—510.

Eigentliche Beobachtungswerte sind die in Zeile I und II stehenden. Diese führen durch die Formel $\frac{d}{k} = n \sin H$, won der Brechungsexponent des Wassers ist, zu den Werten für k und für $\frac{1}{k}$. Die BECKEschen Zahlen stimmen nicht ganz genau aufeinander, was aber wohl nur auf graphische Lösungen zurückzuführen sein wird[1].

Ermitteln wir zunächst den Wert von n, also den Brechungsexponenten des Wassers, der der Rechnung zugrunde liegt, so ergibt sich

$$n_1 = \frac{d_1}{k_1 \cdot \sin H_1} = 1.343;$$

$$n_2 = \frac{d_2}{k_2 \cdot \sin H_2} = 1.329;$$

$$n_3 = \frac{d_3}{k_3 \cdot \sin H_3} = 1.332\,.$$

Wählt man für die weitere Rechnung den Mittelwert aus n_1, n_2 und n_3 oder besser den richtigen Wasserindex $n = 1.333$, der übrigens mit dem obigen Mittelwert fast genau zusammenfällt, so erhält man

$$\frac{1}{k_1} = \frac{n \cdot \sin H_1}{d_1} = 0.2183;$$

$$\frac{1}{k_2} = \frac{n \cdot \sin H_2}{d_2} = 0.2257;$$

$$\frac{1}{k_3} = \frac{n \cdot \sin H_3}{d_3} = 0.2311\,.$$

Verwendet man nun diese k-Werte wechselweise zur Berechnung der H'-Werte nach folgenden Formeln

$$\sin H'_1 = \frac{d_1}{n \cdot k_1}, \quad \sin H'_2 = \frac{d_2}{n \cdot k_1}, \quad \sin H'_3 = \frac{d_3}{n \cdot k_1},$$

$$\sin H'_1 = \frac{d_1}{n \cdot k_2}, \quad \sin H'_2 = \frac{d_2}{n \cdot k_2}, \quad \sin H'_3 = \frac{d_3}{n \cdot k_2},$$

$$\sin H'_1 = \frac{d_1}{n \cdot k_3}, \quad \sin H'_2 = \frac{d_2}{n \cdot k_3}, \quad \sin H'_3 = \frac{d_3}{n \cdot k_3},$$

so ergibt sich

[1] In der BECKEschen Notiz steht $d \cdot k = \sin H$, wo k die reziproke Bedeutung meiner obigen Bezeichnung hat, und wo der Brechungsexponent n, wie aus der weiteren Rechnung BECKES hervorgeht, wohl nur vergessen wurde.

(1a)

H'_1	H'_2	H'_3
(23° 46′)	38° 1′	46° 47′
24° 37′	(39° 33′)	48° 54′
25° 15′	40° 41′	(50° 30′),

wo die eingeklammerten Zahlen die ursprünglichen von BECKE mit dem Achsenwinkelapparat gemessenen Winkel sind. Man gelangt hier also in extremen Fällen zu Abweichungen von +6% und −7½%. Wählt man ein mittleres k, also etwa k_2 zur MALLARDschen Konstante, so betragen die Abweichungen nur +3½% und −3%[1].

Vergleicht man nun hiermit die Werte meiner Bestimmungen, aber wohlverstanden bei ähnlichen Aperturen, also für Winkel in Wasser von etwa 25°, 40° und 50°, so findet sich das dazu nötige Zahlenmaterial in den mit 1, 2 und 3 bezeichneten Zeilen der Tabelle auf Seite 57. Man berechnet dann nach der Formel

$$\sin H'_1 = \frac{0.700}{1.674} \text{ oder } = \frac{0.700}{1.705} \text{ oder } = \frac{0.700}{1.740} \text{ usw.}$$

(2)

H'_1	H'_2	H'_3
(24° 43′)	39° 57′	52° 47′
24° 14′	(39° 5′)	51° 26′
23° 43′	38° 9′	(50° 0′),

wo wieder die eingeklammerten Zahlen den richtigen Werten entsprechen. Die Abweichungen betragen hier in extremen Fällen +5½% und −4%, und bei Zugrundelegung mittlerer k-Werte +3% und −2%. Jetzt kann man endlich Vergleichbares vergleichen, nämlich die Abweichungen in der obigen Tabelle (1a) oder in der unten in der Fußnote 1 stehenden Tabelle (1b) mit den Abweichungen der Zahlen in Tabelle (2). Da sieht man denn, daß die BECKEschen Darlegungen hinfällig sind, und daß die Unterschiede der MALLARDschen Konstante für Mitte und Rand des Gesichtsfeldes bei der Wasserimmersion und bei dem starken Immersionssystem unwesentlich sind.

Im Sinne F. BECKES hat sich ferner M. STARK[2] mit der MALLARDschen Konstante beschäftigt und bei einer Reihe von Fueß-Objektiven Nr. 7 gefunden, daß die „Fehler weniger oder nicht viel mehr als 1° für die zentralen und äußeren Interferenzbildpartien" betragen, „während WÜLFING einen sehr großen Fehler fand". Hier be-

[1] Legt man diesen Kontrollrechnungen nicht die BECKEschen H- und d-Werte, wie oben geschehen, sondern die BECKEschen k- und d-Werte zugrunde, so gelangt man zu folgenden Zahlen:

1b)

H'_1	H'_2	H'_3
(23° 57′)	38° 23′	47° 16′
24° 32′	(39° 24′)	48° 41′
25° 14′	40° 40′	(50° 28′).

Die Abweichungen sind hier ein wenig geringer und erreichen nur +5% und −6½% bzw. +2½% und −3½%, sind den obigen aber im ganzen doch ähnlich.

[2] TSCHERMAKS Min. Petrogr. Mitt. 27 (1908), 413.

gegnen wir also wieder dem Vergleich zweier Objektive von ganz verschiedenen Aperturen. Wäre auch hier nur Vergleichbares verglichen worden, und hätte man, da das Objektiv Nr. 7 nur bis zur Apertur 0.85 reicht, von meinen Beobachtungen auch nur die bis zu dieser Apertur gehenden Werte herangezogen, wozu die Topasmessung mit der Apertur 0.84 sich gut eignete, so müßte erkannt worden sein, daß meine Messungen den konstanten Charakter der MALLARDschen Konstante innerhalb der Apertur 0.84 noch besser stützen, als dies durch die STARKschen Messungen geschieht. Wenn M. STARK sagt, „ähnliche geringe Abweichungen von den durch die Theorie geforderten Werten bei Fueß-Objektiven hat BECKE nachgewiesen, in jüngster Zeit auch F. WRIGHT, während WÜLFING einen sehr großen Fehler fand", so könnte man dieser Darstellung entnehmen, ich hätte im Gegensatz zu drei anderen Beobachtern an den Fueß-Objektiven einen sehr großen Fehler gefunden, während sich doch meine Werte auf ein ganz anderes System, und was die „sehr großen Fehler" betrifft, auf dessen peripherische Aperturen beziehen.

Schließlich ist die durch WRIGHT und BECKE veranlaßte mißverstandene oder mißverständliche Interpretation meiner Beobachtungen auch in die Lehrbuchliteratur übergegangen. So schreibt H. MICHEL[1]: „Die großen Unterschiede, welche E. A. WÜLFING bei der Prüfung einer α-Monobromnaphtalin-Immersion nach VOIGT und HOCHGESANG fand, treffen für das von F. BECKE geprüfte Trockensystem sowie Wasserimmersionssystem (mit bedeutend kleinerer Apertur als das von E. A. WÜLFING untersuchte System) nicht zu, die Unterschiede sind hier viel kleiner". Die Verhältnisse lagen aber damals doch eigentlich folgendermaßen: Die Systeme zur Beobachtung der Achsenbilder zeigten bis zur Apertur 0.85 eine bemerkenswerte, bis zur Apertur 1.03 (das ist nämlich die Apertur, bis zu welcher BECKE seine Beobachtungen an einer Wasserimmersion ausdehnte) eine je nach dem Maße der angestrebten Genauigkeit genügende oder auch nicht genügende Konstanz der MALLARDschen Konstante. Jenseits dieser letzteren Apertur konnten die Abweichungen deutlicher hervortreten, wie sie denn an einem eigens zu Achsenwinkelmessungen dienenden System besonders kräftig nachgewiesen wurden.

Soweit über meine Beobachtungen an einer Monobromnaphtalin-Immersion und über deren Vergleich mit den Beobachtungen anderer Forscher an andern Systemen. Um nun über die Beziehungen zwischen Objektiveigenschaften und MALLARDscher Konstante etwas mehr Klarheit zu schaffen, habe ich, wie schon eingangs dieses Kapitels Seite 57 erwähnt, eine Reihe von recht verschiedenen Objektiven in der Weise untersucht, daß ich die ganze Form der Brennflächen feststellte. Es wurde also nicht nur der Abstand d der einzelnen Lemniskatenbögen vom Zentrum des Interferenzbildes, sondern auch ihre Höhenlage h unterhalb des anscheinend höchsten, im Zentrum liegenden Punktes des Interferenzbildes gemessen. Zu diesen Messungen ist zu bemerken, daß die Breitenmessungen d auch bei peripherischen Teilen des Bildes sehr leicht und sehr genau ausführbar sind, besonders wenn man den Aufsatzanalysator verwendet und dadurch die astigmatischen Brechungen des Tubusanalysators vermeidet, daß aber die Ermittlung der Höhenlage h, selbst bei einiger Übung in der Beob-

[1] Mineralog. Praktikum von E. DITTLER. Mit einem Beitrag: Optische Untersuchungsmethoden von Dr. H. MICHEL. 1915. 133.

achtung des Verschwindens der Parallaxe zwischen Lemniskaten und Skalenstrichen, viel schwieriger zu bewerkstelligen ist und ungenauer ausfällt.

Diese räumliche Ausmessung der Brennflächen, die in horizontaler Richtung an dem Okularmikrometer und in vertikaler Richtung an der Skala des Amicirohrs geschah, wurde an folgenden 5 Objektiven vorgenommen:

Bezeichnung	Von den Fabrikanten angegebene num. Apertur U	Äquivalentbrennweite f
1. Objektiv Fueß Nr. 7	0.85	5.20 mm
2. Wasserimmersion Fueß 1/12″	1.15	2.06 ,,
3. Apochromat Zeiß 2 mm	1.30	1.97 ,,
4. Awi-System Winkel 1917	1.52	3.74 ,,
5. Awi-System Winkel 1918	1.55	4.46 ,,

Zu Haltepunkten in der Bildebene dienten zwei verschiedene Glimmerapertometer. Ein dickes Apertometer wurde bei dem Objektiv Nr. 7, und ein dünnes Apertometer bei den übrigen 4 Objektiven verwendet, weil sonst entweder in der Mitte des Bildes zu wenig, oder am Rand zu viele Lemniskaten aufzunehmen gewesen wären. Die Ergebnisse dieser je 3- bis 6mal wiederholten Messungen stehen in der Tabelle auf Seite 63.

Berechnet man nun die Mallardsche Konstante aus den jeweiligen Werten von d und U nach der Formel

$$k = \frac{d}{U},$$

so erhält man die in der gleichen Tabelle angegebenen Werte für k. Dieses k ist hier aus den Dimensionen des primären Interferenzbildes berechnet worden und sollte daher nach den bisherigen Vorstellungen und nach der Mallardschen Formel

$$k = \frac{d}{U} \text{ oder } k = \frac{d}{N \sin u} \text{ oder } k = \frac{d}{\sin E} \text{ oder } k = \frac{d}{\beta \sin V}$$

der Äquivalentbrennweite des betreffenden Objektivs entsprechen[1]. Dies trifft auch in manchen Fällen recht genau zu, gilt in andern Fällen aber nur für gewisse Aperturen, wie denn die Änderung der Größe k mannigfaltigem Wechsel unterworfen ist. Wir sehen sie mit zunehmender Apertur steigen bei Zeiß 2 mm und bei Awi 1917, fallen bei Fueß 1/12″ und Awi 1918, schwanken bei Fueß Nr. 7.

Das Maß dieser Inkonstanz der k-Werte gibt uns kein deutliches Bild von ihrer praktischen Bedeutung; erst nach Umrechnung in Winkelwerte sind diese Schwankungen unmittelbarer abzuschätzen. Diese Umrechnung kann man bei Trockensystemen auf Winkel E in Luft (Brechungsexponent = 1) und bei Immersionssystemen auf Winkel H in Wasser oder in einer andern Immersionsflüssigkeit, oder auf Winkel V in einem bestimmten Mineral, oder schließlich auch auf Winkel u in der Frontlinse des Objektivs (Brechungsexponent = N) vornehmen. Ich habe hier diese Rechnung

[1] Übrigens darf man hier, wie das bis dahin immer geschah, nur an die Äquivalentbrennweite axialer Strahlen denken. Für schiefe Strahlenbündel ergeben sich bei Mikroskopobjektiven ganz andere Brennweiten, wie ich denn z. B. an dem Trockensystem Fueß Nr. 7 für axiale Strahlen die Brennweite 5.20 mm und für Strahlen mit U = 0.73 die Brennweite 3.6 mm, also einen sehr viel kleineren Wert fand.

Dimensionen der Brennflächen einiger Objektive nach Breite d und Höhe h in mm.

Lemniskaten der Apertometer		num. Apert.	E in Luft	V in Muskovit	Objektive										MALLARDsche Konstante $k = \frac{d}{U}$ bei				
		$U =$	$\sin E = U$		Fueß Nr. 7		Fueß 1/12''		Zeiß 2 mm		Awi 1917		Awi 1918		Fueß Nr. 7	Fueß 1/12''	Zeiß 2 mm	Awi 1917	Awi 1918
dick	dünn	$\beta \sin V$	$= \beta \sin V$	$(\beta = 1.6060)$	d	h	d	h	d	h	d	h	d	h	f=5.20	f=2.06	f=1.97	f=3.74	f=4.46
2_i		0.398	23° 27′	14° 21′	2.101	0.50									5.2790				
1_i		0.487	29° 9′	17 39′	2.581	1.13									5.2998				
Achse		0.560	34° 3′	20° 24′	2.996	1.49									5.3500				
	Achse	0.563	34° 16′	20° 31′			1.219	0.44	1.173	0.80	2.030	0.70	2.681	1.50		2.1652	2.0835	3.6057	4.7620
1_a		0.623	38° 32′	22° 50′	3.326	2.03									5.3386				
2_a		0.677	42° 37′	24° 56′	3.616	2.59									5.3413				
3_a		0.727	46° 38′	26° 55′	3.877	2.98									5.3330				
4_a		0.772	50° 32′	28 44′	4.107	3.39									5.3199				
	1_a	0.780	51° 16′	29° 3′			1.684	0.72	1.629	1.40	2.956	1.70	3.591	3.20		2.1590	2.0885	3.7897	4.6039
5_a		0.812	54° 18′	30° 22′	4.307	3.87									5.3041				
6_a		0.850	58° 13′	31° 57′	4.462	4.17									5.2494				
	2_a	0.927	67° 58′	35° 15′			1.988	1.18	1.940	1.70	3.602	2.80	4.207	4.30		2.1446	2.0928	3.8856	4.5383
	3_a	1.039		40° 19′			2.195	1.38	2.184	2.30	4.107	3.85	4.667	5.40		2.1126	2.1020	3.9528	4.4918
	4_a	1.124		44° 25′					2.368	2.70	4.506	4.50	5.031	6.20			2.1068	4.0088	4.4759
	5_a	1.193		47 58′					2.514	2.90	4.857	5.20	5.321	7.10			2.1073	4.0713	4.4602
	6_a	1.248		51° 0′					2.637	3.10	5.152	5.75	5.557	7.60			2.1130	4.1283	4.4528
	7_a	1.294		53° 4′					2.741	3.30	5.420	6.75	5.747	8.00			2.1183	4.1886	4.4413
	8_a	1.331		55° 58′							5.659	7.50	5.902	8.20				4.2517	4.4342
	9_a	1.362		58° 0′							5.850	7.95	6.044	8.30				4.2952	4.4375
	10_a	1.388		59° 48′							6.026	8.55	6.143	8.40				4.3415	4.4258
	11_a	1.411		61° 28′							6.177	8.80	6.236	8.40				4.3777	4.4196

für die Winkel V im Glimmer durchgeführt, wo also gilt

$$\sin V = \frac{d}{\beta \cdot k},$$

und wo $\beta = 1.6060$ dem mittleren Brechungsexponenten des Glimmers meiner Apertometer entspricht. Kombinieren wir nun das zu jedem V gehörende d nicht mit dem im allgemeinen hierzu gehörenden k, sondern wählen einerseits das bei kleiner, anderseits das bei großer Apertur gefundene k, so gelangen wir zu je zwei Winkeln. Nennen wir diese Winkel und MALLARDschen Konstanten, wenn sie sich auf zentrale Teile des Interferenzbildes beziehen V_z und k_z, und wenn sie sich auf randliche Teile beziehen V_r und k_r, so berechnen sich die Winkel, die in der Tabelle auf Seite 65 in den Kolonnen 1 bis 5 unter V_z und V_r stehen, nach folgenden Formeln:

$$\sin V_z = \frac{d}{\beta \cdot k_z}, \quad \sin V_r = \frac{d}{\beta \cdot k_r}.$$

Die ersten Winkelwerte in den V_z-Kolonnen und die letzten Winkelwerte in den V_r-Kolonnen stimmen immer mit den wahren V-Werten überein, weil ja zu deren Berechnung die ihnen zukommenden k-Werte verwendet wurden.

Die Objektive Fueß Nr. 7 und Fueß Wasserimmersion 1/12″ zeigen je fast dieselben Winkel in den beiden Reihen. Auch ist die Abweichung von den wahren V-Werten nur unbedeutend. Ebenso treten an dem ZEISSschen 2 mm-Apochromat, num. Apert. 1.30, sehr gute Übereinstimmungen hervor, während die neuen Awi-Systeme Abweichungen aufweisen, die z. T. von ähnlicher Größenordnung sind, wie sie früher von mir an einer starken Monobromnaphtalin-Immersion festgestellt wurden, z. T. aber auch bei der Ausdehnung der Beobachtungen auf größere Aperturen noch viel erheblicher werden.

Wenn man trotz dieser gelegentlich überraschenden Abweichungen an der alten Sinusformel festhalten will, und sich also nicht dazu bequemen mag, jedem Objektiv und jeder Apparatur eine empirisch ausgewertete Kurve zugrunde zu legen, so empfiehlt es sich doch, diejenige MALLARDsche Konstante für die Sinusformel zu wählen, die man bei den größten Aperturen ermittelt, nicht umgekehrt, da man sonst ungewöhnlich weit am Ziel vorbeischießen kann. Beispielsweise würde man im letzteren Fall bei dem Awi-System 1917 mit der bei der kleinen num. Apert. 0.563 gefundenen MALLARDschen Konstante 3.6057 Winkel errechnen, die im Muskovit anstatt 58°0′ nicht weniger als 90° ergäben, und also um 55% falsch ausfielen, während man bei der Berechnung vom andern Pol her zwar auch noch recht erheblichen, aber doch nur 13% betragenden Abweichungen begegnet. Dieses Ergebnis kommt auch darin zum Ausdruck, daß nach der Formel

$$k = \frac{d}{U} \text{ oder } k = \frac{d}{\beta \cdot \sin V} \text{ der Wert } \sin V_z = \frac{d}{\beta \cdot k_z} > 1 \text{ wird.}$$

In der Tat erhält man schon für die 9. Lemniskate

$$\sin V_z = \frac{5.850}{1.6060 \cdot 3.6057} > 1.$$

Umrechnung der MALLARDschen Konstanten in Winkelwerte.

Lemniskaten der Aperlometer		num. Apert. $U = \beta \sin V$	E in Luft $\sin E = U = \beta \sin V$	V in Muskovit ($\beta = 1.6060$)	Winkel V_z und V_r in Glimmer ($\beta = 1.6060$), berechnet aus den MALLARDschen Konstanten k_z und k_r, die sich auf zentrale und auf randliche Teile des Interferenzbildes beziehen.									
					1		2		3		4		5	
					k_z 5.2790	k_r 5.2494	k_z 2.1652	k_r 2.1126	k_z 2.0835	k_r 2.1183	k_z 3.6057	k_r 4.3777	k_z 4.7620	k_r 4.4196
					bei Fueß Nr. 7		bei Fueß 1/12″		bei Zeiß 2 mm		bei Awi 1917		bei Awi 1918	
dick	dünn				V_z	V_r	V_z	V_r	V_z	V_r	V_z	V_r	V_z	V_r
2_i		0.398	23° 27′	14° 21′	(14° 21′)	14° 26′								
1_i		0.487	29° 9′	17° 39′	17° 43′	17° 50′								
Achse		0.560	34° 3′	20° 24′	20° 42′	20° 49′								
	Achse	0.563	34° 16′	20° 31′			(20° 31′)	21° 3′	(20° 31′)	20° 10′	(20° 31′)	16° 47′	(20° 31′)	22° 12′
1_a		0.623	38° 32′	22° 50′	23° 6′	23° 14′								
2_a		0.677	42° 37′	24° 56′	25 15	25° 24′								
3_a		0.727	46° 38′	26° 55′	27° 13′	27° 23′								
4_a		0.772	50° 32′	28° 44′	28° 58′	29° 9′								
	1_a	0.780	51° 16′	29° 3′			28° 58′	29° 46′	29° 8′	28° 37′	30° 41′	24° 52′	28° 0′	30° 24′
5_a		0.812	54° 18′	30° 22′	30° 32′	30° 43′								
6_a		0.850	58° 13′	31° 57′	31° 45′	(31° 57′)								
	2_a	0.927	67° 58′	35° 15′			34° 52′	35° 52′	35° 26′	34° 46′	38° 28′	30° 49′	33° 22′	36° 21′
	3_a	1.039		40° 19′			39° 8′	(40° 19′)	40° 45′	39° 56′	45° 10′	35° 45′	37° 36′	41° 7′
	4_a	1.124		44° 25′					45° 3′	44° 7′	51° 5′	39° 52′	41° 8′	45° 8′
	5_a	1.193		47° 58′					48° 42′	47° 39′	57° 0′	43° 42′	44° 5′	48° 34′
	6_a	1.248		51° 0′					52° 0′	50° 49′	62 50′	47° 7′	46° 36′	51° 32′
	7_a	1.294		53° 41′					55° 0′	(53° 41′)	69 23′	50° 26′	48° 43′	54° 4′
	8_a	1.331		55° 58′							77 45′	53 36′	50° 30′	56° 15′
	9_a	1.362		58° 0′							$>$90°	56 19′	52° 13′	58° 23′
	10_a	1.388		59° 48′							$>$90°	59° 0′	55° 26′	59° 55′
	11_a	1.411		61° 28′							$>$90°	(61° 28′)	54° 38′	(61° 28′)

Hier, bei dem Awi-System 1917, läßt sich also die Konstruktion mit der sphärischen Brennfläche für sehr große Aperturen überhaupt nicht mehr durchführen, und die Sinusformel kann zu den fehlerhaftesten Bestimmungen führen. Ich möchte also wiederholen, was ich schon 1904 empfohlen habe: „um die Messungen nicht unter dieser Unregelmäßigkeit der Brennflächen leiden zu lassen, muß man die Mallardsche Konstante für verschiedene Aperturen empirisch bestimmen und für Zwischenlagen durch Interpolation ergänzen“. Und weiter: „Am schnellsten und sichersten werden auf graphischem Wege die am Okularmikrometer abgelesenen linearen Werte in Winkelwerte umgewandelt, wenn man Kurven konstruiert, die als Abszissen die ersteren, als Ordinaten die letzteren Größen besitzen. Für die Achsenwinkel in Luft, Wasser usw. sind besondere Kurven zu zeichnen, bei denen die Sinus der Ordinaten im umgekehrten Verhältnis der Indizes der zugehörigen Medien stehen“. Wenn diese Kurven bei einigen Objektiven fast zu geraden Linien werden, so ist das eine weitere Erleichterung dieser Arbeitsmethode. Vor allem hüte man sich aber, Wahrnehmungen, die man bei kleineren Aperturen gemacht hat, ohne weiteres auf größere Aperturen zu extrapolieren, solange man über die Eigenschaften des betreffenden Objektivs nicht orientiert ist. Wer sich auf kleine Aperturen beschränkt, wird allem Anschein nach, soweit die geringen Erfahrungen auf diesem Gebiet eine Verallgemeinerung gestatten, die Mallardsche Konstante für das ansehen dürfen, was ihr Name ausdrückt. Wer in seinen Beobachtungen bis zur Apertur 1.30 geht und in der Lage ist, ein kostbares Zeisssches Apochromat zu benutzen, wird auch hier in bezug auf jene Konstanz weitgehend befriedigt werden. Wer aber sein Beobachtungsgebiet noch weiter ausdehnt, muß zunächst die Zeissschen Apochromate von der Apertur 1.40 untersuchen, was von mir noch nicht geschehen ist. Wer schließlich bis zur Apertur 1.50 und darüber hinaus fortschreitet und damit gezwungen ist, die Spezialobjektive für Achsenwinkelmessungen zu benutzen, kann das Verfahren nicht umgehen, das ich in der „Physiographie“ vorgeschlagen habe. Eine wesentliche Rolle spielt übrigens bei der Wahl dieser Objektive auch die Kostenfrage; konnte man doch — in Friedenszeiten wenigstens — die alten Spezialobjektive und die neuen Awi-Systeme etwa sechsmal billiger als die Zeissschen starken Apochromate erwerben.

Widmen wir uns noch einen Augenblick der eigentümlichen Form der Brennflächen der fünf untersuchten Objektive. Zum besseren Vergleich wollen wir alle d-, h- und k-Maße der Tabelle auf Seite 63 auf dieselbe Brennweite und zwar auf eine solche von 5 mm umrechnen. Die neuen Werte d_5, h_5 und k_5 stehen in der Tabelle auf Seite 67 in den Kolonnen 1 bis 10. Nach den Werten d_5 und h_5 sind nun die Querschnittszeichnungen der Brennflächen in den Figuren 25 bis 29 auf S. 68—70 in $6^2/_3$facher Vergrößerung entworfen. Wir haben dann in diesen Zeichnungen folgende Vergrößerungen der tatsächlichen Brennflächen jener fünf Objektive:

In Figur 25 eine $5 \times 6^2/_3 : 5.20 = 6.4$ fache Vergrößerung,
„ „ 26 „ $5 \times 6^2/_3 : 2.06 = 16.2$ „ „
„ „ 27 „ $5 \times 6^2/_3 : 1.97 = 16.9$ „ „
„ „ 28 „ $5 \times 6^2/_3 : 3.74 = 9.0$ „ „
„ „ 29 „ $5 \times 6^2/_3 : 4.46 = 7.5$ „ „ .

Dimensionen d_5 und k_5, sowie MALLARDsche Konstanten k_5 bei 5 mm Objektiven.

Lemniskaten der Apertometer		num. Apert. U = β sin V	E in Luft sin E = U = β sin V	V in Muskovit (β = 1.6060)	Umgerechnete Werte d, h und k der Tabelle auf Seite 63, in Werte d_5, h_5, k_5, für Objektive mit der Äquivalentbrennweite $f' = 5.00$ mm.														
					1		2		3		4		5		6	7	8	9	10
					Fueß Nr. 7		Fueß 1/12″		Zeiß 2 mm		Awi 1917		Awi 1918		Fueß Nr. 7	Fueß 1/12″	Zeiß 2 mm	Awi 1917	Awi 1918
dick	dünn				d_5	h_3	d_5	h_5	d_5	h_5	d_5	h_5	d_5	h_5	k_5	k_5	k_5	k_5	k_5
2_i		0.398	23° 27′	14° 21′	2.020	0.481									5.0759				
1_i		0.487	29° 9′	17° 39′	2.482	1.090									5.0959				
Achse		0.560	34° 3′	20° 24′	2.881	1.433									5.1442				
	Achse	0.563	34° 16′	20° 31′			2.959	1.068	2.978	2.030	2.714	0.936	3.006	1.682		5.2552	5.2880	4.8204	5.3386
1_a		0.623	38° 32′	22° 50′	3.198	1.950									5.1333				
2_a		0.677	42° 37′	24° 56′	3.477	2.490									5.1357				
3_a		0.727	46° 38′	26° 55′	3.728	2.870									5.1279				
4_a		0.772	50° 32′	28° 44′	3.949	3.260									5.1152				
	1_a	0.780	51° 16′	29° 3′			4.087	1.748	4.134	3.553	3.952	2.273	4.026	3.588		5.2402	5.3006	5.0665	5.1614
5_a		0.812	54 18′	30 22′	4.141	3.720									5.1001				
6_a		0.850	58° 13′	31° 57′	4.290	4.010									5.0475				
	2_a	0.927	67° 58′	35° 15′			4.825	2.864	4.924	4.315	4.815	3.743	4.716	4.821		5.2053	5.3115	5.1947	5.0878
	3_a	1.039		40° 19′			5.328	3.350	8.543	5.838	5.491	5.147	5.232	6.054		5.1276	5.3350	5.2845	5.0357
	4_a	1.124		44° 25′					6.010	6.853	6.024	6.016	8.640	6.951			5.3470	5.3595	5.0179
	5_a	1.193		47° 58′					6.381	7.360	8.493	6.952	5.965	7.960			5.3475	5.4429	5.0002
	6_a	1.248		51° 0′					6.693	7.868	8.888	7.687	6.230	8.520			5.3629	5.5191	4.9920
	7_a	1.294		53° 41′					6.957	8.376	7.246	924	6.443	8.969			5.3763	5.5998	5.0951
	8_a	1.331		55° 58′							7.566	1027	6.617	9.193				5.6841	4.9712
	9_a	1.362		58° 0′							7.821	1029	6.776	9.305				5.7423	4.9749
	10_a	1.388		59° 48′							8.056	11.431	6.887	9.417				5.8041	4.9617
	11_a	1.411		61° 28′							8.258	11.765	6.991	9.417				5.8526	4.9548

Die stark ausgezogenen Kurven geben nur den großen Zug in der Form dieser Brennflächen wieder. Wieweit die Abweichungen der Einzelbestimmungen von diesen Hauptzügen auf Beobachtungsfehler oder auf Eigentümlichkeiten der Brennflächen zurückzuführen sind, habe ich mit meiner jetzigen Apparatur noch nicht sicher entscheiden können; indessen möchte ich doch vermuten, daß es sich an verschiedenen Stellen um wellenförmige Aus- und Einbuchtungen jener Brennflächen handelt.

Wohl jeder, der solche Brennflächen noch nicht genauer ausgemessen hat, wird überrascht sein, wie weit sie sich in vertikaler Richtung ausdehnen[1]. Man sieht, daß sie alle viel stärker als die zugehörigen Kugeln gekrümmt sind. Dennoch aber kann die Größe k mit steigender Apertur bald zunehmen, bald abnehmen; das hängt nicht von der Höhe der Brennflächen, sondern von dem Verhältnis der Dimensionen d zur numerischen Apertur U ab. Wenn man also mit F. BECKE sagt (l. c.), daß die Brennfläche bei manchen Systemen sich nach außen hin weniger gewölbt und bei andern Systemen stärker gewölbt als die Kugel darstellt, so muß man dies nicht auf die wirklichen, sondern auf andere Brennflächen beziehen, die man etwa als abstrahierte Brennflächen bezeichnen und auf folgende Weise erhalten kann. Der Querschnitt der wirklichen Brennfläche des Trockensystems Fueß Nr. 7 ist in Figur 25 in der Kurve 2_i, 1_i, A, 1_a, 2_a, 3_a, 4_a, 5_a, 6_a dargestellt. Hieraus kann man nun zwei abstrahierte Brennflächen ableiten, von denen die eine sich auf Winkel in Luft und die andere auf Winkel in Glimmer bezieht. Bei dem Trockensystem Nr. 7 könnte man sich allerdings auf die Wiedergabe der abstrahierten Brennfläche in Luft beschränken, weil hier alle Punkte zur Darstellung kommen; bei den Immersionssystemen mit den Aperturen $U>1$ ist man aber doch gezwungen auf die andern Flächen einzugehen, daher möge dies auch schon bei dem Trockensystem geschehen.

Man konstruiere die Punkte C_e und C_v, von denen der erstere im Abstand der Äquivalentbrennweite unter dem höchsten Punkt 0 (Null) des Interferenzbildes, und der letztere βmal tiefer liegt, wo β der mittlere Brechungsexponent des Glimmers ist. Infolge der Vergrößerung der Figuren ist also $0\,C_e = 33^1/_3$ mm und $0\,C_v = 53^1/_2$ mm.

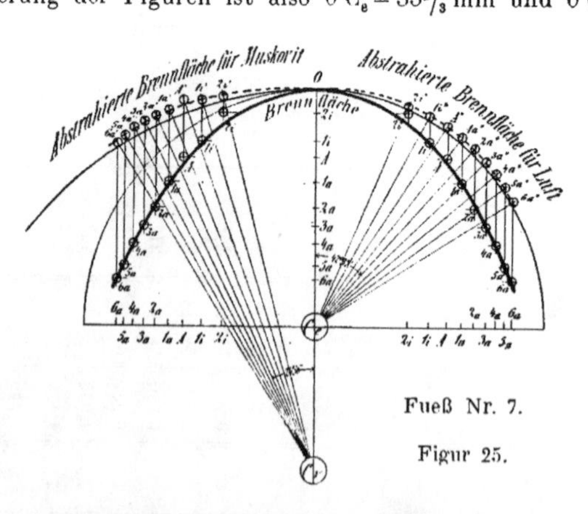

Fueß Nr. 7.

Figur 25.

[1] Man wird hiernach begreifen, wie wenig sich die auf einem Glastäfelchen angebrachte Mikrometerskala, die H. LENK (Zeitschr. f. Kristallogr. 25, 1896, 379) an jener Stelle der Objektive einlegt, wo das primäre Interferenzbild entsteht, den Verhältnissen anpaßt. Man darf eine solche Skala, was übrigens H. LENK ganz richtig hervorhebt, nur bei kleinen Achsenwinkeln gebrauchen.

Um nun einen Punkt der abstrahierten Brennfläche für Luft oder für Glimmer aus dem zugehörigen Punkt der wirklichen Brennfläche zu erhalten, z. B. die Punkte $2''_a$ und $2'_a$ aus den Punkten 2_a, ziehe man von den Zentren C_e und C_v die Radien unter den zugehörigen Winkeln, in diesem Fall z. B. für den zweiten äußeren Lemniskatenscheitel unter $E = 42^0 37'$ und unter $V = 24^0 56'$ gegen die Mittellinie[1]. Auf diesen Radien $C_e\ 2''_a$ auf der rechten und $C_v\ 2'_a$ auf der linken Bildseite der Figur 25 liegen die Punkte $2''_a$ und $2'_a$ in der gleichen Entfernung d von der Mittellinie, wie die zugehörigen Punkte 2_a. Ähnlich verfährt man mit den andern Punkten und erhält auf diese Weise für das Objektiv Fueß Nr. 7 die beiden abstrahierten Brennflächen

für Luft in den Punkten $2''_i,\ 1''_i,\ A'',\ 1''_a,\ 2''_a,\ 3''_a,\ 4''_a,\ 5''_a,\ 6''_a$,
„ Glimmer „ „ „ $2'_i,\ 1'_i,\ A',\ 1'_a,\ 2'_a,\ 3'_a,\ 4'_a,\ 5'_a,\ 6'_a$.

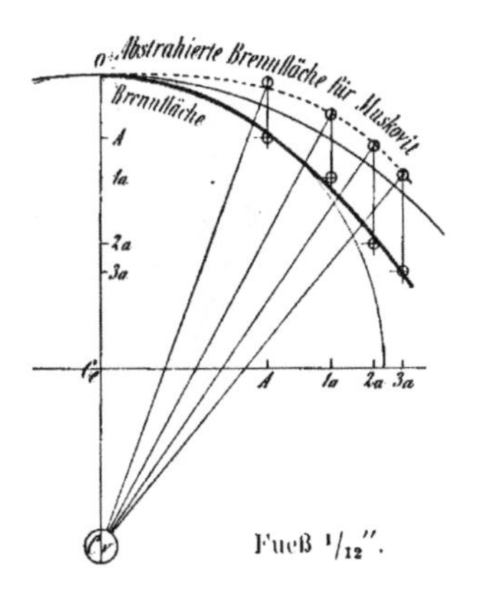

Fueß $^1/_{12}''$.

Figur 26.

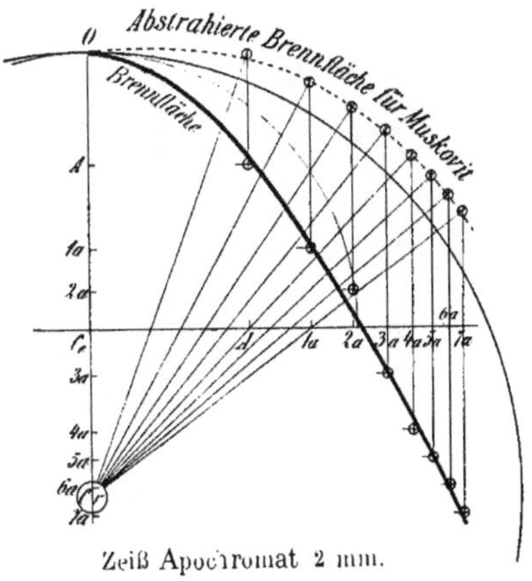

Zeiß Apochromat 2 mm.

Figur 27.

Hier fallen diese abstrahierten Brennflächen sehr nahe mit den idealen, also sphärisch gedachten Brennflächen zusammen. Sie entfernen sich anfangs und nähern sich nachher wieder den Kugeln, bleiben aber überhaupt in ihrer Nähe, also auf der rechten Seite der Figur in der Nähe der Kugel mit $33^1/_3$ mm Radius und auf der linken Seite in der Nähe der Kugel mit 53.53 mm Radius.

Bei den übrigen vier Objektiven ist die Konstruktion der Querschnittskurven nur für Winkel in Glimmer also nicht mehr für solche in Luft durchgeführt, was ja auch nur teilweise möglich gewesen wäre.

Bei der Wasserimmersion Fueß 1/12″ (Fig. 26) spielt sich zwischen abstrahierter Brennfläche und idealer Hemisphäre ein dem vorigen ähnlicher Vorgang ab. Allem Anschein nach werden die k-Werte, die für V bei etwa 20^0 ein Maximum erreichen dürften, bei kleineren Aperturen ähnlich sinken wie bei großen.

[1] Diese Winkel E und V sind die Winkel der Lemniskatenscheitel in Luft und in Glimmer gegen die Plattennormale des Glimmers unter Vernachlässigung der Abweichungen infolge der monoklinen Symmetrie des Glimmers; Abweichungen, die übrigens sehr gering sind, da es sich bei Muskovit um normalsymmetrische Achsenlage handelt.

Bei dem Zeissschen Apochromat 2 mm (Fig. 27) liegt die abstrahierte Brennfläche auch über der idealen Halbkugel, entfernt sich zuerst ziemlich schnell von dieser (wofür übrigens keine Einzelbeobachtungen vorliegen) und läuft ihr dann parallel.

Bei dem Awi-System 1917 (Fig. 28) erscheint der Anfang der abstrahierten Brennfläche etwas unklar, jedenfalls aber ohne erhebliche Abweichung von der idealen Hemisphäre. Von Lemniskate 1 ab verläuft sie aber in immer zunehmendem Abstand von der Halbkugel und trennt sich schließlich beträchtlich von ihr.

Bei dem an fünfter Stelle untersuchten Awi-System 1918 (Fig. 29) ist abermals ein anderer Verlauf der abstrahierten Fläche wahrzunehmen. Sie liegt zuerst außerhalb der Halbkugel, schneidet diese etwa in der Gegend der fünften Lemniskate, also in der Nähe der numerischen Apertur 1.193, und verläuft dann innerhalb der Halbkugel, ohne sich von dieser erheblich zu entfernen.

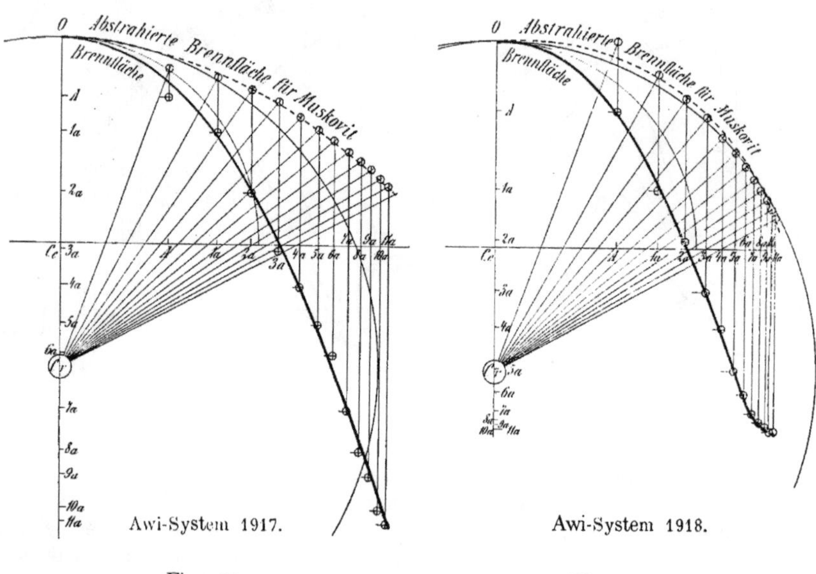

Awi-System 1917. Awi-System 1918.

Figur 28. Figur 29.

Alle fünf untersuchten Objektive zeigen eine recht große Mannigfaltigkeit der Beziehung der abstrahierten Brennflächen zu den idealen Halbkugeln. Wie weit damit die Verhältnisse bei Objektiven anderer Bauart dargestellt sind, läßt sich jetzt noch nicht übersehen und bedarf weiterer Untersuchung. Vielleicht können jene Optiker sich hierüber äußern, die mit den Problemen der Objektivoptik eingehender bekannt sind.

e) Untersuchung der Objektive auf Spannungserscheinungen.

Bei Objektiven und Kondensoren begegnet man bekanntlich gar oft einer Spannungsdoppelbrechung, die auf die Erscheinung sehr schwach doppelbrechender und sehr dünner

Blättchen störend einwirken kann. Diese Spannungserscheinungen haben nichts zu tun mit gewissen oben Seite 41 erwähnten Depolarisationserscheinungen der Flußspat enthaltenden Objektive, die auf Einschlüsse im Flußspat zurückgeführt werden. Die hier berührten Anomalien bilden eine Erscheinung für sich und dürften mit der Ausführung der Fassungsarbeit zusammenhängen. Die Prüfung der Objektive auf solche Anomalien ist nicht unwichtig, da man unter Umständen nur bei anomalienfreien Objektiven oder bei Kenntnis des Maßes dieser Anomalien einigermaßen sicher zu entscheiden vermag, ob ein Achsenbild sich öffnet, also aus der Kreuzstellung in die Hyperbelstellung übergeht, und wie weit diese Öffnung erfolgt, oder ob das Kreuz wie bei einem optisch einachsigen Körper geschlossen bleibt, oder ob überhaupt gar keine Interferenzerscheinung auftritt und also ein isotroper Körper vorliegt.

Eine Vorstellung von dem Einfluß der Objektivdoppelbrechung kann man sich auf folgende Weise verschaffen. Man spaltet ein Glimmerblättchen sehr dünn, sagen wir bis auf $^1/_{50}$ mm Dicke, und reißt es dann, wie man Papier zu zerreißen pflegt, unter etwas schraubenförmiger Biegung der Lamelle schräg auseinander, sodaß an der Reißstelle äußerst dünne Glimmerlagen stufenweise aufeinander folgen. Diese Stufen sind schmal, messen meistens nur Bruchteile eines Millimeters, haben aber genügende Breite zur Beobachtung im konvergenten Licht mit den stärkeren Objektiven. Sie fallen z. T. dadurch auf, daß sie im reflektierten gewöhnlichen Licht, also ohne Anwendung irgend welcher Polarisatoren, lebhafte Interferenzfarben zeigen. Ein solches Präparat allerdünnster Sorte stieg an einer Stelle in der Interferenzfarbe sogar bis zum Weiß I. Ordnung hinunter und mochte eine Dicke von noch nicht $^1/_{10}\,\mu$ haben. Der Gangunterschied ist hier, da die Doppelbrechung $\gamma-\beta$ bei dem vorliegenden Muskovit zu 0.004 bestimmt wurde, nur 0.0004 μ oder weniger. An einer andern Stelle zeigte der zerrissene Glimmer im reflektierten gewöhnlichen Licht ein Dunkelgrün, das mir III. Ordnung zu sein schien. Diese Interferenzfarbe entsteht in einer Luftschicht von 0.688 μ Dicke und, da der Glimmer eine Lichtbrechung von etwa 1.60 hat, in einer Glimmerschicht von 0.430 μ Dicke. Der Gangunterschied muß also hier 0.0017 μ sein, was sich ebenfalls der gewöhnlichen Messung, selbst mit dem SIEDENTOPFschen Quarzkeil, entzieht.

Diese äußerst dünnen schon im gewöhnlichen reflektierten Licht NEWTONsche Farben zeigenden Glimmerblättchen sind zu dem vorliegenden Zweck nicht geeignet. Dagegen beobachtete ich an andern, dickeren Stellen dieser schief zerrissenen Glimmerblättchen zwischen gekreuzten Polarisatoren — also nicht mehr im gewöhnlichen reflektierten Licht, wie bei den ganz dünnen Stellen — ein tiefes Grau I. Ordnung, dessen Gangunterschied mit dem SIEDENTOPFschen Quarzkeil zu $^1/_{10}$ bis $^1/_5$ der Grundteilung bestimmt wurde. Es ist also hier $s_\gamma - s_\beta$ etwa $^1/_7 \cdot 0.1\,\mu$ oder 0.014 μ, und die Dicke etwa $3\frac{1}{2}\,\mu$. Solche Blättchen sind immer noch zehnmal dünner als ein Viertelundulations-Glimmerblatt, dessen Doppelbrechung $\gamma-\beta$ den Wert 0.004 und nicht, wie sonst meistens angenommen, 0.006 erreicht, und etwa zwanzigmal dünner als das Papier, auf dem diese Abhandlung gedruckt ist. Diese Glimmerblättchen sind nun zur Untersuchung der Objektive auf Spannungsanomalien vortrefflich geeignet, lassen freilich auch erkennen, daß man es sehr selten mit spannungsfreien Fabrikaten zu tun hat. Jedenfalls können sie in der Hand eines geschickten mit der Linsenfassung betrauten Arbeiters heilsame Verwendung finden.

16. Herrichtung des Instruments zum Gebrauch.

Die Herrichtung des Instruments zum Gebrauch, die gewöhnlich von den Fabrikanten vorgenommen wird, pflegt nicht immer für alle Funktionen, die das Instrument erfüllen soll, vollkommen befriedigend durchgeführt zu werden. Um so mehr sollte der Mikroskopiker in der Lage sein, diese Herrichtung zu prüfen und zu korrigieren. Ja, er sollte bei solchen Kontrollarbeiten das ganze Instrument in allen seinen Teilen, mit Ausnahme der Linsensätze der feineren Objektive, auseinandernehmen und wieder zusammenfügen können, damit er das richtige Vertrauen zu seinem Instrument und zu den damit zu erreichenden Messungen gewinnt. Ich vertrete hier einen ziemlich extremen Standpunkt und befinde mich in bewußtem Gegensatz zu den Erbauern der Mikroskope, die gewöhnlich vor jedem Eingriff durch sogenannte Laienhände warnen. Diese Warnungen mögen ja vielfach am Platze sein; aber gewiß ist jenes Instrument zu bevorzugen, das ihrer nicht bedarf, weil es so zweckmäßig konstruiert und so gediegen ausgeführt ist, daß es selbst bei geringer Geschicklichkeit des Mikroskopikers Eingriffe ohne Schädigung verträgt. Die zum Auseinandernehmen etwa erforderlichen Hilfsapparate sind dem Instrument beizufügen oder müssen sich leicht beschaffen lassen.

Abermals gehe ich in diesem Kapitel auf bekannte Dinge wie Kreuzung der Nicols, Parallelstellung der Okularfäden mit den Nicolhauptschnitten und dergleichen anderswo oft erörterte Justierungen nicht näher ein, bespreche vielmehr vorzugsweise diejenigen Operationen, die mir neu erscheinen.

Mit der Einführung der Theodolitmethode treten an den Mechanismus eines Polarisationsmikroskops und Konoskops Forderungen heran, die bis dahin entweder keine beachtenswerte Rolle spielten, oder deren Erfüllung ohne weitere Kontrolle dem Erbauer überlassen wurde. Aber auch die Verwendung des Instruments ohne Fedorowschen Universaltisch kann die Einhaltung einiger Bedingungen als höchst wünschenswert erscheinen lassen. Insbesondere denke ich hier an eine Reihe von Achsen, deren Parallelismus oder sogar Koinzidenz stillschweigend vorausgesetzt, aber kaum je nachgeprüft wird.

Die acht Achsen eines Polarisationsmikroskops und Konoskops.

Man braucht sich nur einmal die Frage vorzulegen, was eigentlich unter der optischen Achse eines Polarisationsmikroskops verstanden werden soll, um zu erkennen, daß hier noch eine gewisse Unsicherheit in der Auffassung unseres Mikroskops nicht als Vergrößerungsapparat, wohl aber als Meßinstrument herrscht. Im allgemeinen wird man wohl sagen, die optische Achse eines Mikroskops sei die Gerade, die durch den Fadenkreuzschnittpunkt des Okulars und den zugehörigen Objektpunkt gehe. Nur muß man sich bei dieser Definition erinnern, daß an unserem Instrument das Objektiv keine starre Lage hat und durch die Zentriervorrichtung am unteren Tubusende eine fortwährende Veränderung erfährt, daß also auch der zum Fadenkreuzschnittpunkt konjugierte Objektpunkt ein entsprechend unruhiges Gebilde vorstellt. Jede Kombination eines Okulars mit einem Objektiv in irgend einer Stellung hat **ihre** optische Mikroskopachse, wovon aber die optische Mikroskopachse **des Instruments** zu unterscheiden ist. Diese letztere kann wohl am unzweideutigsten definiert werden als diejenige Gerade, die den Fadenkreuzschnittpunkt des Okulars mit dem Ruhepunkt der Tischoberfläche, also mit jenem Punkt verbindet, wo die Achse des drehbaren Tisches seine Oberfläche trifft. Bei Einstellung des Objektivs auf diesen Ruhepunkt des drehbaren Tisches fällt die optische Mikroskopachse des Vergrößerungsapparates mit der optischen Mikroskopachse des Instruments zusammen. In diesem Fall sind also Fadenkreuzpunkt und Ruhepunkt des Tisches in bezug auf Objektiv und Okular konjugiert. Bei anderer, unzentrierter Einstellung des Objektivs weichen die beiden Mikroskopachsen voneinander ab, und die optische Achse des Vergrößerungsapparates hat am Instrument überhaupt keine eindeutige Lage. Die nach der obigen Definition bestimmte Achse möge **die** Mikroskopachse mit der Bezeichnung M heißen.

Von andern Achsen des Instruments sind nun noch drei weitere optische Achsen und vier mechanische Achsen, im ganzen also acht Achsen zu unterscheiden, um nur die wesentlichsten aufzuführen.

Die zweite optische Achse ist die Konoskopachse, die mit K bezeichnet werden möge. Sie ist die Achse des durch die Amicilinse aus dem Mikroskop entstehenden Amicifernrohrs, die als Fernrohrachse keine Gerade, sondern eine Richtung vorstellt.

Die dritte Achse werde die Fedorowsche Achse (F-Achse) genannt, weil sie ihre Fixierung im Raum durch die Fedorowsche Autokollimation erhält.

Diese drei optischen Achsen M, K und F beziehen sich auf den Oberteil des Instruments. Dazu gesellt sich nun noch im Unterteil als vierte optische Achse die des Beleuchtungsapparates oder die B-Achse. Man kann sie definieren als die Gerade, die durch das Zentrum der eng zusammengezogenen Kondensor-Irisblende und seinen durch den Kondensor entworfenen Bildpunkt geht.

Eine erste wichtige mechanische Achse des Instruments ist die mit Ti bezeichnete, um die sich der Tisch dreht und die die Oberfläche des Tisches in seinem ruhenden Punkt trifft.

Zwei andere mechanische Achsen mögen als Zahnstangenachsen des Tubus und des Beleuchtungsapparates mit Zt und Zb bezeichnet werden. Die eine ist die Achse, an der entlang der Tubus des Mikroskops durch Zahnstange und Trieb gehoben und gesenkt wird, die andere an der entlang die Bewegung des Kondensors mit Polarisator — an meinem Instrument durch eine Schneckenführung — erfolgt.

Ferner ist noch in fortlaufender Nummerierung als achte Achse die Tubusachse Tu zu nennen, die man als Seelenachse des Tubus definieren kann. Da unser Tubus sich aus Objektivrohr, Amicirohr und Okularrohr zusammensetzt, wird man streng genommen drei Seelenachsen zu unterscheiden haben. Indessen sorgt der Mechaniker meistens dafür, daß diese drei Achsen zusammenfallen und auch bei der Bewegung der drei Rohre ineinander keine erheblichen Abweichungen zeigen.

Zur Übersicht seien diese acht Achsen noch einmal zusammengestellt.

Die vier optischen Achsen sind:

1. M-Achse oder Mikroskopachse. Gerade, die durch den Fadenkreuzschnittpunkt des Okulars und den Ruhepunkt des Tisches geht[1].
2. K-Achse oder Konoskopachse. Achse des Amicifernrohrs.
3. F-Achse oder Fedorowsche Achse. Gerade, die durch die Fedorowsche Autokollimation bestimmt wird.

[1] Vorausgesetzt wird hierbei ein Ramsdensches Okular oder eine gute Zentrierung der Kollektivlinse eines Huyghensschen Okulars.

4. B-Achse oder Beleuchtungsachse. Optische Achse des Beleuchtungssystems.

Die vier mechanischen Achsen sind:

5. Ti-Achse oder Tischachse. Achse, um die sich der Tisch dreht.
6. Zt-Achse oder Zahnstangenachse des Tubus.
7. Zb-Achse oder Zahnstangenachse der Beleuchtungsvorrichtung.
8. Tu-Achse oder Tubusachse. Seelenachse des Tubus.

Ich beginne mit der Tubusachse Tu. Von dieser Seelenachse des Tubus soll nur verlangt werden, daß sie oben durch den Schnittpunkt p_t des Fadenkreuzes geht, was auf folgende Weise zu erreichen ist. Man bringt der Reihe nach alle Fadenkreuzokulare in den Tubus, stellt mit einem Objektiv mittlerer Stärke ein punktförmiges Objekt ein und dreht die Okulare im Tubus, indem man den Ring mit Vorsprung, der das Azimut des Fadenkreuzes festlegt, über die Schlitze am Tubusende hinweghebt. Sollte der Punkt p_t hierbei nicht in Ruhe bleiben, so muß eine Korrektur am Fadenkreuz vorgenommen werden. Man beginnt diese Operation bei zusammengeschobenem Tubus und wiederholt sie bei ausgezogenem Amicirohr und Okularrohr. Die kleine Bewegung, die zur Scharfeinstellung bei kurzem und langem Tubus durch Betätigung der Feinstellschraube erforderlich ist, kann gleichzeitig darüber Aufschluß geben, ob auch die Schlittenführung der Feinbewegung richtig funktioniert.

Ich gehe über zur Herrichtung des Parallelismus von Zahnstangenachse Zt und Tischachse Ti. Man überzeugt sich zunächst von der geradlinigen Führung des Tubus entlang der Zahnstange. Bei manchen alten und neuen Mikroskopen habe ich solche geradlinige Führung bis $0^0 3'$ beobachten können, bei andern ebenfalls teils alten, teils neuen Mikroskopen aber auch erheblich größere Abweichungen wahrgenommen. Zur Prüfung stellt man das Amicifernrohr mit Apochromat 40 mm und Okular Nr. 5 auf eine in bekannter Entfernung befindliche Skala ein, nachdem man sich über den Winkelwert eines Skalenteils orientiert hat.

Gut funktionierende Zahnstangenlagerung des Tubus, sowie gute Tischachsenlagerung (s. o. S. 13) vorausgesetzt, können wir nun die etwaige Abweichung dieser Achsen in Sagittal- und Frontalebene bestimmen. Man stellt zunächst das Mikroskop auf den ruhenden Punkt des Tisches ein, d. h. man bringt in bekannter Weise mittelst der Zentrierschrauben des Objektivs das Bild des ruhenden Punktes p_t' der Tischebene (s. Fig. 30) in den Schnittpunkt p_t des Okularfadenkreuzes. Damit ist aber noch garnichts gesagt über die Lage der Zahnstangenachse zur Tischachse, wie auch die Mikroskopachse M keineswegs mit der Tischachse Ti zusammenzufallen braucht, worauf nachher näher eingegangen werden soll. Beobachtet man nun einen in erheblicher Höhe ($h = 30$ bis 50 mm) über dem Mikroskoptisch liegenden Punkt der Tischachse, den man als solchen durch seine ruhende Lage bei Drehung des Tisches erkennt, so wird man meistens finden, daß nicht sein Bild sondern das eines Punktes p_h' in den Fadenkreuzschnittpunkt p_h fällt, daß also die Hinaufbewegung der Achse M entlang der Achse Zt nicht parallel der Achse Ti erfolgte (siehe Fig. 30). Die lineare Abweichung x in der frontalen Ebene und y in der sagittalen Ebene läßt sich am bequemsten an einem Möllerschen Mikrometer (2 mm in 0.1 mm quadriert) feststellen. Die entsprechenden Winkel-Abweichungen erhält man mit Hilfe der Erhöhung h des Objektes. Sie seien in der frontalen Ebene α und in der sagittalen Ebene β, dann ist nach Figur 30 und 31

$$\operatorname{tg} \alpha = \frac{x}{h}; \qquad \operatorname{tg} \beta = \frac{y}{h}.$$

Die maximale Abweichung ρ in einem Azimut mittlerer Lage ist

$$\operatorname{tg} \rho = \frac{r}{h} = \frac{\sqrt{x^2+y^2}}{h}.$$

Die mechanische Ausführung der Korrektur und also die Herrichtung der Parallelität von Zt-Achse und Ti-Achse erfolgt am Tubusarm oder am Tischträger und mag unter Umständen in der Werkstatt geschehen.

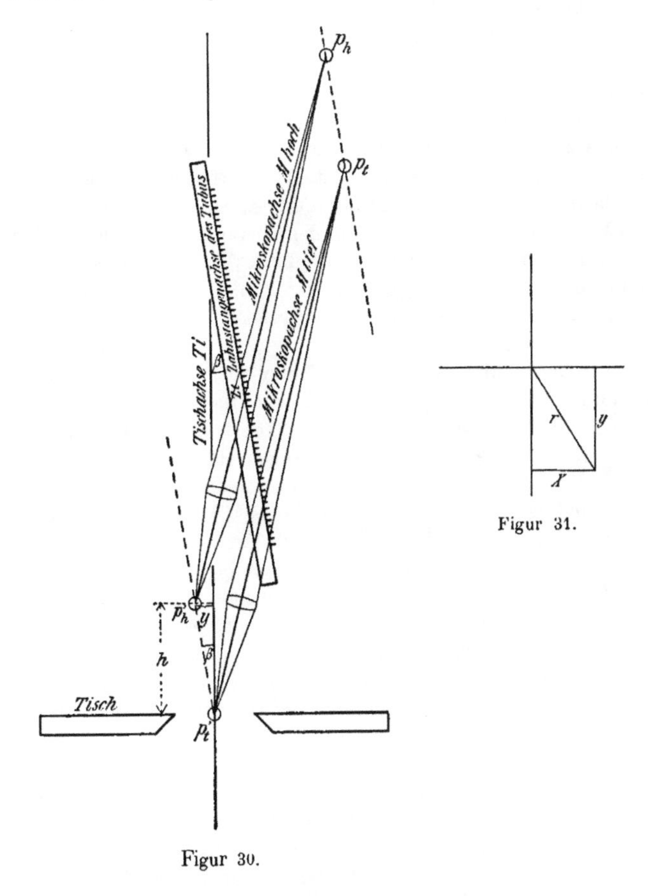

Figur 30.

Figur 31.

Nachdem auf diese Weise Zahnstangenachse Zt und Tischachse Ti bis auf wenige Bogenminuten parallel eingestellt worden sind, bringt man die Mikroskopachse M in die Verlängerung der Tischachse Ti. Dies geschieht in zwei Etappen. Zuerst legt man den Schnittpunkt der Okularfäden in die nach oben verlängert gedachte Ti-Achse und zwar unabhängig vom Objektiv. Und zweitens stellt man die M-Achse auch unten auf die Ti-Achse ein, indem man jetzt erst ein Objektiv einsetzt und auf den Ruhepunkt p′ des Tisches zentriert (s. Fig. 32). In der ersten Etappe kann man sich des Prinzips bedienen, das Nachet bei seinen Mikroskopen verwandte, als er die Objektive mit dem rotierenden Tisch fest verband und das Okular davon unabhängig an einem besonderen Arm befestigte. Man bringt also zunächst ein punktförmiges Objekt in den ruhenden Punkt p′ des Tisches und stellt darüber einen kleinen Tubus, der oben ein Objektiv in der gehörigen Gegenstandsweite trägt. Schwache Objektive zwischen 13 mm und 40 mm Äquivalentbrennweite sind hierzu gut geeignet. Das Objektiv ist also jetzt nicht mehr am Mikroskoptubus befestigt, sondern mit dem Tisch zu einem starren System verbunden. Der Bildpunkt p von p′ oben in der Okularebene wird bei Drehung des Tisches nur dann in Ruhe bleiben, wenn er in jenen Punkt fällt, wo die gehörig verlängerte Tischachse die Fadenkreuzebene des Okulars durchsticht. Man verschiebt also den kleinen Tubus mit dem Objektiv über dem Objektpunkt auf dem Tisch hin und her, bis dieses Bild sich nicht mehr bewegt, und stellt darauf seine Abweichung vom Schnittpunkt des Okularfadenkreuzes in frontaler und sagittaler Richtung fest. Notwendig ist übrigens die Einstellung eines Objektes in den Ruhepunkt des Tisches durchaus nicht, wenn auch wohl zunächst am besten verständlich. Es gibt immer einen exzentrisch liegenden Punkt auf der Tischebene, der wie der Punkt q′ in Figur 32 eine bei Drehung des Tisches in Ruhe bleibende Abbildung in q erfährt, und diese Abbildung liegt notwendig in der verlängerten Tischachse.

Die Korrektur am Okularfadenkreuz darf nun nicht an dem Fadenkreuz selbst erfolgen, denn dadurch würde ja die Lage des Fadenkreuzschnittpunktes im oberen Teil der Seelenachse des Tubus gestört werden. Auch darf diese Korrektur nicht mit jenen Schrauben geschehen, die die Lage der Zahnstangenachse Zt bestimmen, vielmehr muß diese Umorientierung jenseits der Zahnstange, also an der Befestigung zwischen Tubus und Zahnstange, und je nach der Konstruktion des Mikroskops wohl am besten in der Werkstatt erfolgen. Diese ganze Justierarbeit der Tischachse auf das Okularfadenkreuz ist übrigens viel einfacher als sie nach dieser Beschreibung erscheint; sie wurde ja auch längst bei den Nachetschen Mikroskopen befriedigend durchgeführt.

Auf diese Weise wird also die Tischachse auf den Schnittpunkt der Okularfäden justiert. Zentriert man nun die in gewohnter Weise an dem unteren Tubusende angebrachten Objektive auf den ruhenden Punkt des Tisches, so fällt nunmehr die Mikroskopachse M mit der verlängerten Tischachse Ti in eine Flucht, und die Zt-Achse läuft beiden Achsen parallel.

Als nächste wichtige Achse des Instruments kommt die Konoskopachse K in Betracht. Zu ihrer Parallelstellung mit der Tischachse verwendet man am bequemsten eine senkrecht zur optischen Achse geschliffene Kalkspatplatte von 1 bis 2 mm Dicke, die man auf einen Objektträger montiert und durch Deckglas schützt. Genaue Orientierung dieser Kalkspatplatte ist nicht erforderlich, wenn auch bequem. Man zentriert zuerst das für die konoskopische Beobachtung zu verwendende Objektiv auf den Ruhepunkt des Tisches und zwar als Objektiv bei mikroskopischem Strahlengang, also ohne Einschaltung des Amici. Darauf verwandelt man das Mikroskop in ein Konoskop durch

Einschaltung des Amici und legt nun das Kalkspatpräparat mit drei kleinen Wachskügelchen als Unterlage auf den Tisch. Durch Druck auf diese Wachsunterlage bringt man alsdann das Achsenbild in eine solche Lage, daß es sich zwar zunächst nicht zentrisch im Gesichtsfeld befindet, daß es aber bei Drehung des Tisches in vollkommen ruhiger Lage verharrt. Endlich schiebt man das Zentrum dieses ruhenden Interferenzbildes durch alleinige Korrektion der Stellung des Amici (s. o. S. 16) in das Fadenkreuz des Okulars. Trägt das Okular für die konoskopische Messung kein Fadenkreuz

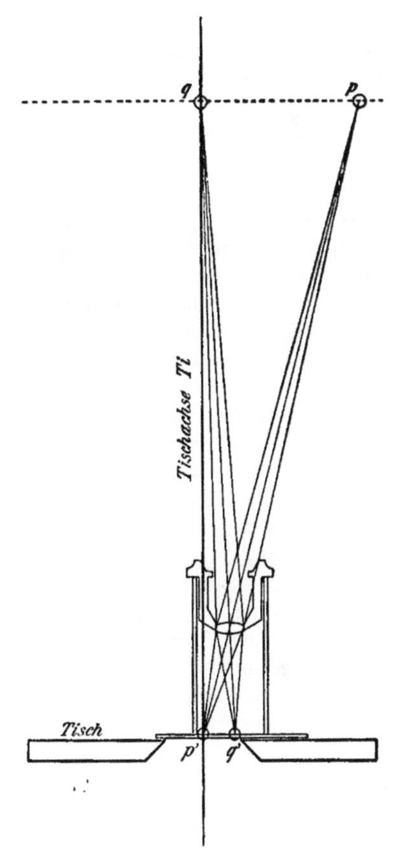

Figur 32.

sondern eine Skala, so benutzt man zur Einstellung nicht den Kreuzpunkt der Balken des Interferenzbildes, sondern einen isochromatischen Kreis. Dieser muß bei Drehung des Tisches immer an dem gleichen Skalenteil liegen, er darf also keine schlagende Bewegung ausführen. Anwendung von Na-Licht kann die Genauigkeit erhöhen.

Zur Einstellung der Fedorowschen Autokollimationsachse F wähle man ein schwaches Objektiv, z. B. Apochromat 40 mm, versehe es kurz vor der Front mit einem Glas, das ein schwarzes Strichkreuz trägt, und beleuchte von oben her durch den Gaussschen Spiegel (s. S. 25). Bei Einstellung des Mikroskops auf die Oberfläche eines auf den Tisch gelegten Objektträgers sieht man bekanntlich nichts von dem gespiegelten schwarzen Kreuz. Erst nach der nötigen Senkung des Tubus erscheint das Spiegelbild dieses Kreuzes, das bei Drehung des Tisches erst dann in vollkommener Ruhe bleibt, wenn der spiegelnde Objektträger genau senkrecht zur Tischachse liegt, was durch geeignete Wachsunterlagen bald erreicht wird. Nun verschiebt man das schwarze Strichkreuz vor dem Objektiv mittelst seiner Stellschrauben, bis sein Bild sich mit dem Fadenkreuz im Okular deckt. Jetzt fällt die Achse F der Fedorowschen Autokollimation mit den vier Achsen M, K, Ti und Zt in eine Richtung. Diese Fedorowsche Autokollimationsachse ist ausgezeichnet zu gebrauchen, um bei dem Fedorowschen Universaltisch die Null-Lage des vertikalen Limbus festzustellen.

Zur Einstellung der Zahnstangenachse (Schneckenachse) des Beleuchtungssystems auf die Zahnstangenachse des Tubus, also zur Parallelstellung von Zb und Zt, beobachte man bei schwacher Mikroskopvergrößerung das durch den starken Kondensor entworfene Bild der eng zusammengezogenen Irisblende, oder verwende, wenn die Iris in der Brennebene des Kondensors liegen sollte, das Amicifernrohr. Dieses Bild befinde sich zunächst irgendwo im Gesichtsfeld, also nicht gerade im Zentrum. Man merke sich diese Lage, bewege darauf das Beleuchtungssystem an seiner Achse auf und ab und folge mit dem Mikroskop in gleichem Schritt nach, sodaß das Bild der Iris immer scharf erscheint. Bei Parallelismus der Achsen Zb und Zt muß das Bild immer an der gleichen Stelle im Gesichtsfeld bleiben. Sollte dagegen eine Wanderung stattfinden, so muß eine Korrektur an der Zb-Achse vorgenommen werden, die man entweder in der Werkstatt ausführen läßt, oder auch eigenhändig durch Lösen der betreffenden Schrauben und Unterlegung von Staniolblättchen unter die Platte der Schneckenschraube (s. S. 12) herbeiführt.

Die optische Achse B des Beleuchtungssystems ist nach der Definition auf S. 73 eine Gerade, die durch das Zentrum der Irisblende und sein durch den Kondensor entworfenes Bild geht. Im allgemeinen darf man annehmen, daß die Lage dieser Achse senkrecht zum Tisch genügend eingehalten ist. Sollte das Bild der zusammengezogenen Iris seitlich von der Tischachse oder der Mikroskopachse abweichen, so kann dies leicht durch kleine Versetzung des Kondensorträgers korrigiert werden.

Damit sind die acht wichtigsten Achsen eines Polarisationsmikroskops in ihren Lagen zueinander, d. h. in ihrer Parallelität bezw. Koinzidenz besprochen. Wenn nun auch noch andere wichtige Achsen vorkommen, wie z. B. die Achsen, um welche sich die Polarisatoren drehen, so wird man jenen doch eine besondere Bedeutung für das bequeme und richtige Arbeiten mit dem Instrument zuerkennen.

Schlußwort.

Die vorstehende Untersuchung übergebe ich nicht ohne Bedenken der Öffentlichkeit, weiß ich ja wohl, daß zwar manche Mängel anderer Polarisationsmikroskope an meinem Instrument vermieden wurden, daß aber die mir als Ideal vorschwebende Konstruktion eben doch noch nicht erreicht ist. Allerdings tauchen auch wieder Zweifel in mir auf, ob denn mit derartigen selbstkritischen Erwägungen wirklich der Sache gedient ist und meine eigenen vieljährigen Bemühungen dadurch nicht einer ungerechten Beurteilung ausgesetzt werden.

Wahrscheinlich wird diese oder jene Einzelheit der Konstruktion dem einen oder andern Mikroskopiker noch nicht ganz nach Wunsch sein. Indessen kann es sich hier wohl nur um Geringfügigkeiten handeln, die mit Überwindung der auf technischem Gebiet augenblicklich schwierigen Verhältnisse leicht zu beseitigen sein werden. Ich selbst bin freilich am wenigsten in der Lage, über den Umfang dieser etwaigen Mängel ein sachliches Urteil abzugeben, darf aber im Zusammenhang hiermit vielleicht folgendes berichten. Vor fünf Jahren schon, als das Instrument noch eine für meine Auffassung größere Zahl von Fehlern hatte, wurden zwei Exemplare an ausländische mineralogische Institute vertrieben. Dies war ohne mein Vorwissen geschehen und würde auch sonst von mir kaum gebilligt worden sein. Überraschenderweise zeigten sich aber beide Institute von meiner Neukonstruktion in hohem Maße befriedigt! Somit darf ich wohl heute der Hoffnung Ausdruck geben, daß, nachdem das Instrument im Verlauf der letzten fünf Jahre noch wesentliche Verbesserungen erfahren hat, die jetzt noch übrig gebliebenen Mängel von geringfügiger Natur sind, und daß mein Mikroskop in seiner Gesamtheit auch von scharfen Kritikern als ein Fortschritt angesehen werden wird. Möchte sich dies neue Instrument bewähren und, wenn im Frieden die Wissenschaften wieder aufblühen werden, seine Vorzüge im mineralogisch-petrographischen Wettstreit der Nationen dartun!

Die Ausführung meiner Bestrebungen ist durch wiederholte Unterstützung von seiten der Heidelberger Akademie der Wissenschaften wesentlich gefördert worden. Ich kann die Gelegenheit nicht vorübergehen lassen, ohne des edlen Stifters Heinrich Lanz in Dankbarkeit zu gedenken.

Heidelberg, den 25. September 1918.

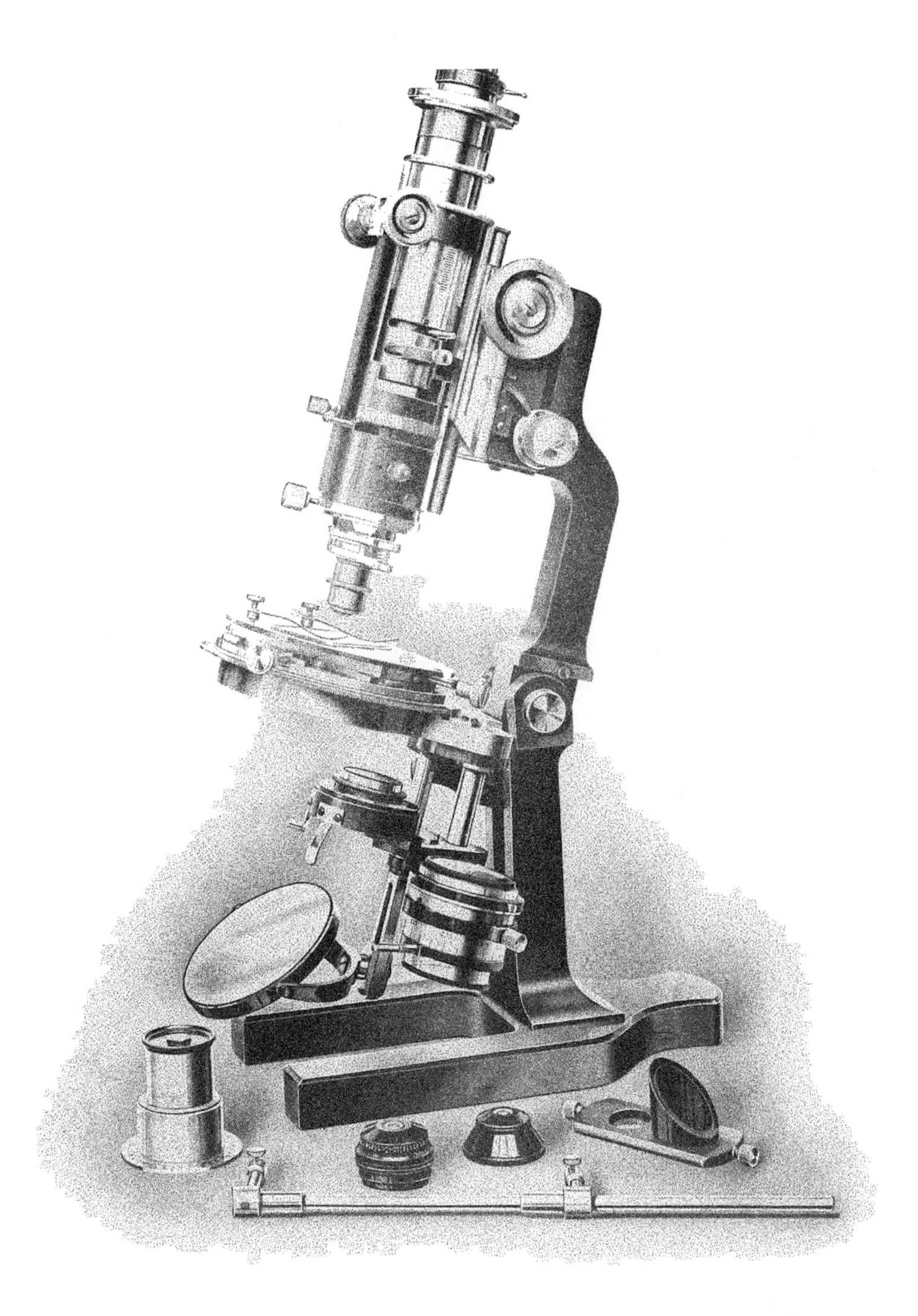

r. Inst. Heidelberg phot.

Carl Winters Universitätsbuchhandlung, Heidelberg.

Polarisationsmikroskop nach E. A. Wülfing.

Ausgeführt von R. Winkel, G. m. b. H. in Göttingen.

½ der wirklichen Größe.

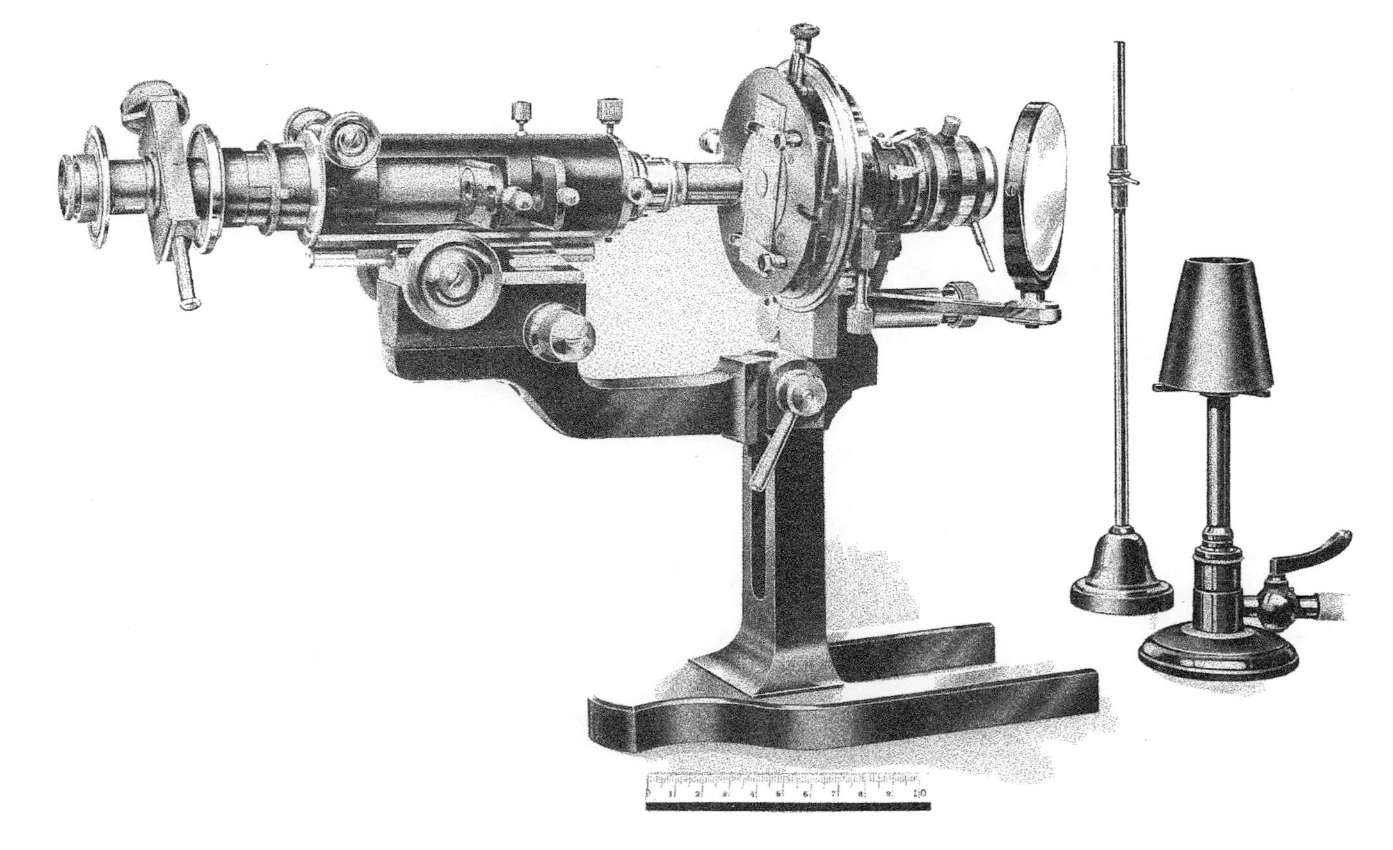
1
2
3
4
5
6
7
8
9
10

ıngen
ie der Wissenschaften
ich Lanz
enschaftliche Klasse
dlung

nematik

e der Bandverbände

ɛtersen
tomie in Heidelberg

m 7. Mai 1917

ɔn H. Braus

XT

berg 1918

Carl Winters Universitätsbuchhandlung, Abteilung Druckerei, Heidelberg.

Abhandlungen
der Heidelberger Akademie der Wissenschaften
Stiftung Heinrich Lanz
Mathematisch-naturwissenschaftliche Klasse
6. Abhandlung

Ein neues Polarisationsmikroskop

und

kritische Betrachtungen über bisherige Konstruktionen

Von

E. A. Wülfing
in Heidelberg

Mit 2 Tafeln und 32 Textfiguren

Eingegangen am 25. September 1918

Heidelberg 1918
Carl Winters Universitätsbuchhandlung

Verlags-Nr. 1443